U0342398

珠三角绿色发展评估报告

Green development evaluation report of Pearl River Delta, China

王明旭　赵卉卉　崔建鑫　王　刚　李朝晖　等/著

中国环境出版集团·北京

图书在版编目（CIP）数据

珠三角绿色发展评估报告/王明旭等著. —北京：中国环境出版集团，2018.7

ISBN 978-7-5111-3679-4

Ⅰ．①珠… Ⅱ．①王… Ⅲ．①珠江三角洲—城市环境—生态环境建设—研究 Ⅳ．①X321.265

中国版本图书馆 CIP 数据核字（2018）第 105121 号

出 版 人　武德凯
责任编辑　陈金华
责任校对　任　丽
封面设计　彭　杉

出版发行　**中国环境出版集团**
　　　　　（100062　北京市东城区广渠门内大街 16 号）
　　　　　网　　　址：http://www.cesp.com.cn
　　　　　电子邮箱：bjgl@cesp.com.cn
　　　　　联系电话：010-67112765（编辑管理部）
　　　　　　　　　　010-67113412（第二分社）
　　　　　发行热线：010-67125803，010-67113405（传真）
印　　刷　北京中科印刷有限公司
经　　销　各地新华书店
版　　次　2018 年 7 月第 1 版
印　　次　2018 年 7 月第 1 次印刷
开　　本　787×1092　1/16
印　　张　9.75
字　　数　140 千字
定　　价　40.00 元

前　言

随着人口、资源、环境压力与日俱增，尤其是 2008 年国际金融危机爆发后，传统的发展模式难以为继，绿色发展逐步成为全球共识，并逐步从学术研究层面转向政策操作层面。美国、欧盟、日本等发达经济体纷纷提出绿色发展战略，促进经济绿色增长，如美国通过实施绿色金融、绿色保险、绿色能源等，不断创新绿色发展的模式与技术；欧盟通过实施整体绿色经济发展计划，促进欧盟绿色就业和经济增长；日本通过"低碳社会行动计划"，推动环保和能源技术发展，其他发展中国家如柬埔寨、南非等也都制定了绿色经济战略计划。为评估制定的绿色发展政策是否合理以及整个过程是否在朝着绿色发展的总体目标迈进，国际社会对绿色发展的评价指标体系探索也逐步增多。

由于经济发展转型和生态文明建设的双重需要，绿色发展在中国也得到前所未有的重视。党的十八大将生态文明提到前所未有的战略高度，提出"着力推进绿色发展、循环发展、低碳发展"。2015 年 3 月召开的中央政治局会议首次提出"绿色化"的概念，并上升为与新型工业化、城镇化、信息化、农业现代化协同并进的战略任务。十八届五中全会提出"创新、协调、绿色、开放、共享"的五大发展理念，将绿色发展提升到关系我国发展全局的重要理念的地位。2016 年 3 月，"十三五"规划纲要发布，绿色发展成为"十三五"规划的重要内容之一。随着绿色发展战略的实施，开展绿色发展评估显得尤为重要。时任环境保护部部长陈吉宁在中国环境与发展国际合作委员会

2015 年年会上提出将研究建立绿色发展指标体系，国家统计局局长宁吉喆提出将加快建立绿色发展统计调查体系和综合评价体系，积极有效发地反映中国绿色发展进程。

珠江三角洲地区人口和经济要素高度聚集，城镇化、工业化、市场化水平较高，近年来区域经济社会发展取得显著成效，产业转型升级、资源能源利用、生态环境治理居于全国前列，区域产业发展和生态环境改善呈现融合发展态势，绿色发展具备较好的基础条件。在经济社会发展方面，2016 年区域 GDP 达到 6.8 万亿元，约占全国的 9.1%，人均 GDP 达到 11.6 万元，分别为长三角和京津冀地区的 1.2 倍和 1.6 倍，超过中等发达国家水平；城镇化步入成熟阶段，区域城镇化率超过 84%，相当于中等发达国家水平，远高于京津冀和长三角地区。在产业转型升级方面，第三产业占比达到 56%，高于全国和长三角平均水平。在资源能源利用方面，单位 GDP 能耗、水耗和主要污染物排放强度处于国内先进水平。从经济与环境的关系来看，主要资源能源消耗指标开始逐步与经济增长呈现"脱钩"趋向，主要污染物排放总量进入持续稳定下降通道，环境质量稳步改善，主要江河水质总体较好，珠江流域水质状况在全国七大水系中居于第二位，大气环境质量在三大区域中处于标杆地位，区域内深圳、惠州、珠海、中山等城市长期位于全国城市空气质量排名前十位，经济与环境协调发展态势开始显现，为深入推进绿色发展创造了有利条件和奠定了良好基础。

开展珠三角城市绿色发展评价研究，对珠三角"十三五"期间推进国家绿色发展示范区建设具有重要的指导意义。同时，无论是在绿色发展政策推进还是在绿色发展评价体系探索方面，我国各方面工作还处于探索阶段，与发达国家存在较大差距，珠三角作为改革先行区、绿色转型发展的排头兵，具有良好的研究基础，将为全省乃至全国转变经济发展方式、走向科学发展模式提供有益探索和宝贵经验。

目　录

第 1 章
绿色发展背景与内涵

从原始文明、农业文明到工业文明，在物质财富呈现前所未有增长的同时，自然资源和生态环境也受到前所未有的消耗和破坏。进入 21 世纪以来，雾霾、酸雨、温室效应、土地荒漠化、极地臭氧层空洞等世界性环境问题已经严重威胁到人类的生存。主要依靠增加要素投入、追求数量扩张来实现增长的传统的发展模式难以为继，促进提高人类福祉和社会公平，显著降低环境风险和生态稀缺的绿色发展得到广泛关注，尤其是 2015 年 9 月 25 日，联合国可持续发展峰会通过具有里程碑意义的《2030 年可持续发展议程》，系统规划世界可持续发展的蓝图，涉及经济发展、社会进步和环境保护三方面内容，绿色发展逐步成为全球发展的共识，努力建成人类共同的美好家园的合力正在增强。

1.1 现实背景

1.1.1 绿色发展的国际态势

20 世纪中期以来，工业化加速推进，经济、环境与社会之间的矛盾愈演愈烈，学者们开始对当下的发展模式展开研究，产生了一系列极具代表性的研究成果。1962 年，美国生物学家蕾切尔·卡逊出版《寂静的春天》，是标志着人类首次关注环境问题的著作，分析人类活动对自然环境带来的严重危害，呼吁在处理与大自然的关系时，善用科学，放弃原始的、落后的发展观点，唤起人们的环境意识，也促使环境问题提到了政府面前。1972 年，罗马俱乐部发表《增长的极限》研究报告，提出"零增长"的对策，也被称为"零增长"的理论，指出人类受到各方面因素的制约，全球人口和经济的发展将面临一个极限，不可再生资源的消耗、工业化及环境污染都是遵循着指数增长的模式而发展的。1989 年，英国经济学家大卫·皮尔斯在著作《绿色经济的蓝图》中首次提出"绿色经济"的概念，认为经济发展必须是自然环境和人类自身可以承受的，不会因盲目追求生产增长而造成社会分裂和生态危机，不会因为自然资源耗竭而使经济无法持续发展，主张从社会及其生态条件出发，建立一种"可承受的经济"。在学者们理论研究的促进下，联合国、世界环境与发展委员会等组织纷纷制定世界性的战略措施，将绿色发展从理论和概念的层面向政策层面予以推进。1972 年，联合国在斯德哥尔摩召开了第一次人类环境会议，这是世界各国政府共同讨论当代环境问题、探讨全球环境战略的第一次国际会议，会议通过了全球性保护环境的《人类环境宣言》和《行动计划》，呼吁各国政府和人民为维护和改善人类环境，造福全体人民，造福后代而共同努力。1987 年，世界环境与发展委员会发表了影响全球的题为《我们共同的未来》的报告，报告提出了"可持续发展"的概念，指出必须为当代人和下代人的利益改变发展模式，奠定了绿色发展的理论基础。1992年，联合国环境与发展大会通过《21 世纪议程》，这是"世界范围内可持续发展行动计划"，将可持续发展的思想运用到所有相关的政策和计划中。

进入 21 世纪后，生态环境问题日趋复杂，绿色发展逐渐成为全世界的共识。2000 年，联合国通过《千年宣言》，千年发展目标中提出"保护我们的共同环境"，提出减少温室气体排放、可持续地开发森林、制止不可持续地滥用水资源等措施。2005 年，联合国亚洲及太平洋经济社会委员会召开的第五届环境与发展部长会议的文件中，首次提出"绿色增长"的政治概念，强调促进低碳的、具有社会包容性的发展。2008 年，为应对国际金融危机，联合国环境规划署提出绿色经济和绿色新政的倡议，把"绿色化"作为经济增长的动力，呼吁各国大力发展绿色经济，从而实现经济增长的转型，以更好地实现可持续发展。2011 年 2 月，联合国环境规划署发布《绿色经济报告》，报告认为，若将每年 2%的全球国内生产总值投入农业、能源、建筑、制造业、交通等部门，将为经济发展注入新动力，从而推动经济绿色转型。2011年 10 月，首届全球绿色增长论坛召开，论坛呼吁各国政府加强与企业的合作，探索绿色经济的新模式，尤其是在绿色采购、可再生能源等领域。2011 年 11月，联合国环境规划署发布《迈向绿色经济：通向可持续发展和消除贫困的各种途径——面向政策制定者的综合报告》，报告指出，绿色经济可创造就业机会并促进经济进步，并可避免大的负面风险，如气候变化的影响、水资源短缺和生态系统服务功能的丧失等。2015 年 9 月 25 日，联合国可持续发展峰会通过了纲领性文件《改变我们的世界——2030 年可持续发展议程》，该议程包括 17 项可持续发展目标和 169 项具体目标，将推动世界在 15 年内实现消除极端贫穷、战胜不平等和不公正以及遏制气候变化，呼吁世界各国在人类、地球、繁荣、和平、伙伴 5 个关键领域采取行动。

为在绿色经济中抢占先机，在国际经济竞争中赢得主动，发达国家和地区纷纷制定绿色发展战略，向着创建一个资源节约、绿色低碳、社会包容的可持续未来的目标迈进。如美国提出"绿色新政"，将新能源作为发展的着力点；欧盟全力推进环境污染治理、环保产业发展、新能源的开发利用和节能减排等；韩国提出绿色增长战略；日本主要以建设低碳社会、环境与循环型社会作为主导；新兴市场国家如巴西大力发展生物能源和新能源汽车，印度颁布"气候变化国家行动计划"等，绿色发展在发达经济体和新兴市场国家中蓬勃兴起、广泛推进，关于绿色经济的竞争也越来越激烈（专栏1-1）。

专栏 1-1 国际绿色发展概况

为应对资源匮乏、环境恶化以及经济增长乏力等一系列问题，绿色发展受到越来越多的关注，逐步从理论层面转向政策层面，美国、欧盟、日本等经济体纷纷提出绿色发展战略，以保持在全球经济竞争中的优势地位。

美国 金融危机之后，美国率先推行了"绿色新政"，明确发展目标。根据奥巴马提出的新能源政策构想，美国将在可再生能源、节能汽车、分布式能源供应、天然气水合物、清洁煤、节能建筑、智能网络等领域探索出一个能够实现利益最大化的创新战略。奥巴马政府的能源计划是，在未来的10年中投资1 500亿美元，以实现3个目标：刺激经济、减少温室气体排放、提高能源安全。外界将此视作奥巴马的"绿色新政"。奥巴马政府的新能源政策提出明确的发展目标，如在未来3年内将可再生能源产量翻一番，从而实现到2012年美国全国用电量的10%来自可再生能源，到2025年将这一比例进一步提高至25%；5年内将所有联邦政府建筑能效提高40%。

欧盟 为引领成员国及社会资金投入绿色创新，加强绿色创新研发活动，欧盟委员会制定了一系列绿色创新研发计划，包括欧盟第7研发框架计划、创新与竞争力框架计划、欧盟绿色创新基础平台、欧委会环境行动计划、欧盟区域发展政策融合基金等，要求欧盟成员国、区域及地方制定相应的政策行动计划，积极支持绿色创新研发活动。

欧委会新近推出的欧盟 2014—2020 年研发框架计划"2020 地平线"，提出继续强化绿色创新研发活动，并设立专门的资金支出长效机制。近年来，欧盟的绿色工业以平均每年 8%的增速递增，成为超越钢铁、制药、汽车等工业之后举足轻重的工业门类。

日本　2007 年 6 月，日本内阁会议制定的"21 世纪环境立国战略"中指出，为了克服地球变暖等环境危机，实现"可持续社会"的目标，需要综合推进"低碳社会""循环型社会"和"与自然和谐共生的社会"的建设。2008 年 7 月，日本内阁通过了《建设低碳社会的行动计划》并向全社会公布，日本政府选定了 6 个积极采取切实有效措施防止温室效应的地方城市作为"环境模范城市"。这些"环境模范城市"通过实施多项活动加快向低碳社会转型的步伐，包括削减垃圾数量、开展"绿色能源项目""零排放交通项目"等。2009 年 4 月，日本环境省又公布了名为《绿色经济与社会变革》的政策草案。其目的是通过实行减少温室气体排放等措施，强化日本的低碳经济。

英国　2009 年，英国政府发布《英国低碳转型计划》的国家战略文件，提出到 2020 年将碳排放量在 1990 年基础上减少 34%的具体目标。该计划涉及能源、工业、交通和住房等多个方面。与该计划同时公布的还有 3 个配套计划，《英国低碳工业战略》《可再生能源战略》及《低碳交通计划》。《英国低碳工业战略》旨在扶持关键企业应对气候变化，这些关键企业来自英国有竞争力和比较优势的行业及地区，包括海上风力发电、水力发电、碳捕获及储存。还推动《绿色振兴计划》，包括刺激生产电动车、混合燃料车等内容，首先在部分城市试行。

韩国　2008 年 9 月，韩国政府出台《低碳绿色增长战略》，为国家未来经济发展指明了方向。2009 年 1 月，国务会议通过政府提出的绿色工程计划，按照计划，韩国在 4 年内将投资 50 万亿韩元来开发 36 个生态工程。该战略提出，要提高能源效率和降低能源消耗量，要从能耗大的制造经济转向服务经济，增加清洁能源的供应并降低化石能源的消耗。韩国国家能源委员会审议通过《第一阶段国家能源基本计划（2008—2030)》，提出到 2030 年，化石燃料占比降到 61%，可再生能源用量提高到 11%，油气自主开发率提高到 40%，能源技术水平达到世界前列。

巴西　巴西的绿色发展战略主要以绿色能源和绿色产业为核心，在绿色能源方面，巴西依托农业优势和先进的生物技术，率先运用生物燃料，成为世界绿色能源发展的典范。生物燃料技术世界领先，生产生物燃料的成本是欧盟的 1/2，是美国的 2/3，也稳固了其作为生物燃料生产和出口大国的地位。在绿色能源的助推下，工业发展转型明显，绿色能源创造更多的就业岗位，航空、汽车等领域得益于绿色能源的使用，绿色工业发展达到世界领先水平，同时还积极发展旅游产业。

印度 印度致力于发展低碳经济，创造未来"绿色经济"大国。2007 年 6 月，成立高级别环境顾问委员会，以协调和评估此前各部出台的一系列减排政策。2008 年委员会出台了"应对气候变化全国行动计划"，包括太阳能、能源效率、可持续居住、水、喜马拉雅生态环境、植树造林、可持续农业和应对气候变化 8 个领域。印度新能源部也正在起草"国家可再生能源政策草案"，提出到 2020 年发电量的 20%来源于可再生能源。

1.1.2 绿色发展的国内探索

1978—2010 年，是我国绿色发展的萌芽和起步阶段（王海芹，2016）。1983 年之前，生态环境保护尚未上升到国家宏观调控层面，1983 年召开的第二次全国环境保护会议将环境保护确立为一项基本国策，同时还提出"经济建设、城乡建设、环境建设要同步规划、同步实施、同步发展，实现经济效益、社会效益、环境效益相统一"的战略方针。我国国民经济和社会发展第六个五年计划首次写入环境保护的相关内容，并一直延续至今。20 世纪 90 年代以来，我国开始在可持续发展战略领域展开探索。1992 年，联合国环境与发展大会通过了《联合国气候变化框架公约》，我国也加入了该公约，协同解决经济发展和能源节约的问题。1994 年，我国通过《中国 21 世纪议程》，将可持续发展战略作为国家的基本战略。1995 年，党的十四届五中全会提出"经济增长方式从粗放型向集约型转变"，并把处理好"经济建设和人口、资源与环境的关系"作为重中之重。进入 21 世纪后，科学发展观成为统领经济社会发展全局的重要理念。2002 年，联合国开发计划署发表《2002 年中国人类发展报告：让绿色发展成为一种选择》，阐述中国在走向可持续发展的进程中所面临的诸多挑战，并提出中国应当选择绿色发展之路。2003 年，十六届三中全会提出"坚持以人为本，树立全面、协调、可持续的发展观，促进经济社会和人的全面发展"的科学发展观，提出"统筹城乡发展、统筹区域发展、统筹经济社会发展、统筹人与自然和谐发展、统筹国内发展和对外开放"等要求。2005 年，十六届五中全会提出建设资源节约型和环境友好型社会的奋斗目标。2007 年，十七大报告进一步明确提出了建设生态文明的新要求，并将到 2020 年成为生态环境良好的国家作为全面建设小康社会的重要目标之一。2010 年，十七届五中全会明确要求"树立绿色、低碳发展理念"，"十二五"规划中，"绿色发展"单独成篇，显示我国走绿色发展道路的决心。

2010 年以后，绿色发展加速推进。2012 年，党的十八大明确五位一体的总体布局，提出"要把生态文明建设放在突出地位，融入经济建设、政治建设、文化建设、社会建设各方面和全过程，努力建设美丽中国，实现中华民族永续发展"。2015 年 3 月召开的中央政治局会议首次提出"绿色化"的概念，对十八大提出的"新四化"概念进行提升，在"新型工业化、城镇化、信息化、农业现代化"之外，又加入了"绿色化"，把"绿色化"定性为"政治任务"。2015 年 10 月，十八届五中全会提出"创新、协调、绿色、开放、共享"的五大发展理念，将绿色发展提升到关系我国发展全局的重要理念的地位。2016 年 3 月，"十三五"规划纲要发布，绿色发展、生态文明建设成为规划的重要内容，充分体现了绿色发展理念。同时，我国绿色发展领域的立法修法工作也进入了历史新阶段，法制环境不断完善，为落实"后果严惩"的绿色发展制度提供了法律依据。总体而言，绿色发展在国家发展战略中的地位切实凸显，内涵也更加丰富，制度保障也更加牢固（专栏 1-2）。

专栏 1-2　党的十八大以来我国有关生态文明和绿色发展的重要论述

党的十八大以来，一系列战略举措密集推出，绿色发展上升到治国理政的新高度，绿色发展建设力度空前。

十八大报告提出"推进绿色发展、循环发展、低碳发展"　报告指出"必须树立尊重自然、顺应自然、保护自然的生态文明理念，把生态文明建设放在突出地位，融入经济建设、政治建设、文化建设、社会建设各方面和全过程，努力建设美丽中国，实现中华民族永续发展"。报告还指出"着力推进绿色发展、循环发展、低碳发展，形成节约资源和保护环境的空间格局、产业结构、生产方式、生活方式，从源头上扭转生态环境恶化趋势，为人民创造良好生产生活环境，为全球生态安全作出贡献"。

十八届三中全会提出建立系统完整的生态文明制度体系　全会深化了"五位一体"的战略布局，始终把生态文明建设与经济、政治、社会、文化建设相提并论。确立了生态文明制度建设在全面深化改革总体部署中的地位，提出"必须建立系统完整的生态文明制度体系，用制度保护生态环境"。丰富了生态文明制度建设的内容，把资源产权、用途管制、生态红线、有偿使用、生态补偿、管理体制等内容充实到生态文明制度体系中来。

十八届四中全会提出用严格的法律制度保护生态环境　全会提出"加快建立有效约束开发行为和促进绿色发展、循环发展、低碳发展的生态文明法律制度，强化生产者环境保护的法律责任，大幅度提高违法成本。建立健全自然资源产权法律制度，完善国土空间开发保护方面的法律制度，制定完善生态补偿和土壤、水、大气污染防治及海洋生态环境保护等法律法规，促进生态文明建设"。

十八届五中全会提出"创新、协调、绿色、开放、共享"的五大发展理念　五大发展理念是"十三五"乃至更长时期我国发展思路、发展方向、发展着力点的集中体现，也是改革开放 30 多年来我国发展经验的集中体现。习近平总书记对发展作出了深入思考："发展必须是遵循经济规律的科学发展，必须是遵循自然规律的可持续发展，必须是遵循社会规律的包容性发展。""十三五"的发展理念契合了三大规律，正如"创新""协调"之于经济规律，"绿色"之于自然规律，"开放""共享"之于社会规律。

中共中央国务院《关于加快推进生态文明建设的意见》(以下简称《意见》) 《意见》是中央就生态文明建设作出专题部署的第一个文件,充分体现了生态文明建设的战略地位。《意见》明确了生态文明建设的总体要求、目标愿景、重点任务和制度体系,突出体现了战略性、综合性、系统性和可操作性,是当前和今后一个时期推动我国生态文明建设的纲领性文件。党的十八大和十八届三中、四中全会就生态文明建设作出了顶层设计和总体部署,《意见》就是落实顶层设计和总体部署的时间表和路线图。《意见》指出"坚持把绿色发展、循环发展、低碳发展作为基本途径。经济社会发展必须建立在资源得到高效循环利用、生态环境受到严格保护的基础上,与生态文明建设相协调,形成节约资源和保护环境的空间格局、产业结构、生产方式"。

"十三五"规划纲要奠定绿色理念成为发展的主基调 面对全面建成小康社会的奋斗目标,《纲要》对未来5年经济社会的发展进行了全面的部署。与以往相比,绿色发展成为贯彻《纲要》通篇的主基调,无论是今后5年经济社会发展主要目标的确定,还是各篇章内容的阐述,以及在"加快改善生态环境"篇章进行专门论述,都无一不体现出绿色发展在全面建成小康社会进程中的重要性。《纲要》指出,要加大环境综合治理力度,创新环境治理理念和方式,实行最严格的环境保护制度,强化排污者主体责任,形成政府、企业、公众共治的环境治理体系,实现环境质量总体改善。

中共中央国务院《生态文明体制改革总体方案》 该方案指出"到2020年,构建起由自然资源资产产权制度、国土空间开发保护制度、空间规划体系、资源总量管理和全面节约制度、资源有偿使用和生态补偿制度、环境治理体系、环境治理和生态保护市场体系、生态文明绩效评价考核和责任追究制度八项制度构成的产权清晰、多元参与、激励约束并重、系统完整的生态文明制度体系,推进生态文明领域国家治理体系和治理能力现代化,努力走向社会主义生态文明新时代"。

发达国家先于我国更早地面临资源与环境问题,因而为应对资源匮乏、环境恶化及实现经济复苏的压力,美国、欧盟、日本等发达国家和地区纷纷提出绿色发展战略,实施"绿色新政",在新一轮全球经济竞争中已牢牢占据优势地位,绿色产业、绿色技术等发展极为迅速,而我国绿色发展领域的推进较为滞后，在党的十八大以后才真正成为发展的主旋律，上升为"政治任务"，法律体系、绿色政策等也相继完善。由于起步较晚，发达国家已积累丰富的技术、经验，而我国在绿色产业的发展、绿色技术的改革创新、环境污染治理等领域均存在较大差距，亟须进一步完善我国绿色发展战略，以绿色理念贯穿生产生活的各个领域，总结并合理借鉴发达国家的绿色发展经验，力争实现绿色发展的后发优势。

1.2 内涵探索

1.2.1 国外绿色发展内涵研究

绿色发展的概念可以追溯到 20 世纪 60 年代美国学者博尔丁的宇宙飞船经济理论，以及后来戴利、皮尔斯等有关稳态经济、绿色经济、生态经济的一系列论述（中国科学院可持续发展战略研究组，2010）。随着学者们对绿色发展理论研究的深入，绿色发展的内涵也不断地发生演变并日渐丰富。与绿色发展关系较为密切的概念有可持续发展、绿色经济、绿色增长等。

（1）可持续发展概念。可持续发展的概念最早是在 1972 年的联合国人类环境会议上讨论的。1980 年世界自然保护联盟（IUCN，1980）第一次提出可持续发展的概念——"研究自然的、社会的、生态的、经济的以及利用自然资源体系中的基本关系，确保全球可持续发展"，认为"为使发展可持续，必须考虑社会、生态和经济因素，考虑生物和非生物资源基础，强调人类利用生物圈的管理，既能满足当代人的最大利益，又能保证满足后代人的需要与欲望"。最具权威的且被各界达成共识的则是 1987 年联合国世界环境与发展委员会的定义（WCED，1987），其将可持续发展定义为"既满足当代人的需求，又不损害子孙后代满足其需求能力的发展"。该定义体现以下原则：公平性原则、持续性原则和共同性原则。公平性原则包括代内公平、代际公平和资源分配与利用的公平；持续性原则意味着人类的经济和社会发展不能超越资源和环境的承载能力；共同性原则指由于地球的整体性和相互依存性，全球必须联合起来，共同实现可持续发展。目前可持续发展的许多定义基本上都由此演绎而来。2015 年 9 月 25 日，联合国可持续发展峰会通过了纲领性文件《改变我们的世界——2030 年可持续发展议程》，绿色发展理念与可持续发展议程具有高度的兼容性。

（2）绿色经济概念。1989 年，英国经济学家大卫·皮尔斯在《绿色经济的蓝图》报告中首次提出"绿色经济"的概念，认为"绿色经济是从环境的角度，阐述环境保护及改善的问题"（Pearce，1989）。2007 年，联合国环境规划署等国际组织在《绿色工作：在低碳、可持续的世界中实现体面工作》的工作报告中首次定义了绿色经济，即"重视人与自然、能创造体面高薪工作的经济"（UNEP，2008）。2008 年金融危机的爆发促使各国重新思考发展方式，绿色经济得到前所未有的关注。2010 年，联合国环境规划署定义绿色经济是"带来人类幸福感和社会的公平，同时显著地降低环境风险和改善生态稀缺的经济"（联合国环境规划署，2010），这一定义是目前被广泛接受的对绿色经济概念的解释。2012 年，"里约+20"联合国可持续发展大会召开，会议的主题为"绿色经济"，大会成果文件《我们憧憬的未来》提出，在可持续发展和根除贫困语境下的绿色经济是实现可持续发展的重要工具之一，相比于传统发展模式，绿色经济将空气、水、土壤等自然资源的利用纳入国民财务框架，强调经济规模要控制在自然资本的界限之内，此外，绿色经济更加注重社会包容性，总体而言，绿色经济在改善人类福祉的同时能够保障生态系统的健康运转（WCED，2012）。

（3）绿色增长概念。绿色增长最早作为一个政治文件中的概念出现在 2005 年联合国亚太经济社会委员会召开的第五届环境与发展部长会议的文件中，认为绿色增长是强调环境可持续性的经济进步的增长，用以促进低碳的、具有社会包容性的发展（ESCAP，2005）。2008 年韩国宣布执行全国性"绿色增长战略"，随后颁布《绿色增长基本法》，认为绿色增长是最小化使用能源、资源，减少气候变化和环境污染，通过清洁能源、绿色技术开发以及绿色革新，确保增长动力，创造工作岗位，实现经济环境和谐相融的增长方式（张东明，2011）。2009 年世界经济合作与发展组织 34 个国家部长集体签署"绿色增长宣言"，授权 OECD 拟定绿色增长战略。2010 年，OECD 发布绿色增长战略，将其定义为"在防止代价昂贵的环境破坏、气候变化、生物多样性丧失和以不可持续的方式使用自然资源的同时，追击经济增长和发展"，并在 2011 年公布的《迈向绿色增长》报告中进一步指出，绿色增长是"在确保自然资产能够继续为人类幸福提供各种资源和环境服务的同时，促进经济增长和发展"的途径（OECD，2011）。世界银行 2012 年发布的《包容性的绿色增长：通向可持续发展之路》中指出，绿色增长是一种环境持续友好、社会包容性高的经济增长，旨在高效利用自然资源，最大限度地减少污染排放以及降低对环境的影响（世界银行，2012）。

1.2.2　国内绿色发展内涵解读

自绿色发展成为社会关注的热点之后，我国各类学术机构和诸多学者也对绿色发展的内涵展开深入的研究和解读，基于不同的研究视角和背景，对绿色发展内涵的解读也各有不同，总体而言，我国学者在绿色发展内涵研究方面，达成一致的主要表述如下（秦绪娜，2016）：

（1）绿色发展是相对于传统发展模式而提出的，是对传统发展模式进行变革的创新发展模式。西方国家的绿色经济相对于"褐色经济"而提出，我国的绿色发展理念相对于传统发展观而提出。传统发展观即改革开放 30 多年的传统工业化发展模式，呈现资源消耗高、污染排放高的特征。马洪波（2011）

指出，绿色发展不同于传统的"高消耗、高污染、低效率、低效益"的发展模式，是一种资源节约型、环境友好型、社会进步型的可持续发展的新模式，与传统工业化下的黑色发展模式有着本质的不同，是既要"绿水青山"，也要"金山银山"。马平川（2011）指出，相对于传统的工业经济发展模式，绿色发展是要求实现人类经济活动从高资源消耗、高环境污染与高生态损害的非持续性发展经济，向资源消耗最少化、环境污染最轻化、生态损害最小化的可持续发展经济的根本转变。李斌（2013）指出，绿色发展与传统的依赖大量消耗资源能源，以破坏环境为代价的"黑色"发展模式有着显著的不同，绿色发展以合理消费、低消耗、低排放、生态资本不断增加为主要特征。总而言之，绿色发展是一种新型的发展模式，是促进经济增长由"高碳"到"低碳"、由"黑色"到"绿色"的跨越转变。

（2）绿色发展的核心是协调经济发展与环境保护，实现经济发展与环境保护的互利共赢。王金南（2006）认为，绿色发展从根本上改变了旧有发展模式中环境与发展的对立关系，追求环境保护和经济、社会发展的相互融合和协同增效，环境保护可以成为经济新的增长点，环保工作也能成为经济增长的商机和动力，而不是经济发展的额外成本和负担，从而实现环境与经济之间的协同增长。金三林（2012）强调，发展是本体，绿色既是约束，又是方向，核心是处理好发展与环境的关系。郇庆治（2012）指出，绿色发展是环境友好型的绿色发展，它的首要目标就是实现经济社会发展与环境保护目标的并重和共赢，除了对生态环境对象加强保护，还需致力于生产经济技术方式与生活消费的重大变革，才能最终实现人类社会的可持续目标。中国科学院可持续发展战略研究组（2010）在《中国可持续发展战略报告》中指出，绿色发展是有利于资源节约和环境保护的新的发展模式，核心目的都是为突破有限的资源环境承载力的制约，谋求经济增长与资源环境消耗的脱钩，实现发展与环境的双赢。

（3）绿色发展的本质是强调人与自然的共生，实现人与自然的和谐相处。王金南（2006）认为，绿色发展是科学发展观的体现，是和谐社会建设的重要组成部分，尤其强调人与自然的和谐。在这种发展模式中，人类不仅是自然资源的利用者，同时也是生态环境的保护者和建设者，人类活动不仅不应破坏生态环境原有的价值和功能，还应对已被破坏的生态环境进行修复和改善。蒋南平（2013）认为，绿色发展的实质及内涵应该定义在"资源能源合理利用，经济社会适度发展，损害补偿互相平衡，人与自然和谐相处"理念的基础上。赵峥（2016）认为，城市的绿色发展首先要处理好人与自然的共生关系，正确的审视自然环境，高度重视自然的价值，发挥自然的价值，重新整合自然资本、人力资本、物质资本、技术资本，从而积累生态财富。

除此以外，还有部分具有代表性、综合概括性的描述，如王玲玲（2012）认为绿色发展是一个系统，包含着绿色环境发展、绿色经济发展、绿色政治发展、绿色文化发展等各子系统，子系统之间互相依存、互相联系、互相作用，绿色环境发展是绿色发展的自然前提，绿色经济发展是绿色发展的物质基础，绿色政治发展是绿色发展的制度保障，绿色文化发展是绿色发展内在的精神资源。胡鞍钢（2012）在《中国创新绿色发展》中认为，绿色发展是经济、社会、生态三位一体的新型发展道路，以合理消费、低消耗、低排放、生态资本不断增加为主要特征，以绿色创新为基本途径，以积累绿色财富和增加人类绿色福利为根本目标，以实现人与人之间和谐、人与自然之间和谐为根本宗旨。世界银行和国务院发展研究中心联合课题组（2013）在《2030年的中国：建设现代、和谐、有创造力的社会》中指出，绿色发展是指经济增长摆脱对资源使用、碳排放和环境破坏的过度依赖，通过创造新的绿色产品市场、绿色技术、绿色投资以及改变消费和环保行为来促进增长。这一概念包括三层含义：①经济增长可以同碳排放和环境破坏逐渐脱钩；②"绿色"可以成为经济增长新的来源；③经济增长和"绿色"之间可以形成相互促进的良性循环。

综合上文所述的国内外关于绿色发展内涵的解读与探索，由于发展阶段和区域的差异，各国对于绿色发展的理解各有侧重点。处于后工业化发展阶段的发达国家，已经基本解决传统环境污染问题，所以重点关注气候变化等全球性环境问题，以及解决全球环境问题的国际制度框架的构建和各国的合作行动。对于绿色发展的理解，则强调将绿色清洁产业作为新的经济增长点，并特别突出社会包容性。而我国目前仍处于工业化中期阶段，传统环境污染问题尚未整体得到解决，对于绿色发展的理解更多侧重于国内经济发展和生态环境保护等问题，而较少关注社会包容。

第 2 章
绿色发展评价体系研究

随着绿色发展得到越来越多的实践，各个国家、科研机构和学者开始展开对绿色发展评价体系的研究，用来监测和评估经济增长是否朝着绿色的方向在发展。绿色发展评价体系能够有效地衡量区域绿色发展的真实状况，从而为政府制定、调整和优化发展、规划及决策提供重要的理论依据。与发达国家相比，我国的绿色发展评价还处于起步阶段，亟须结合实际情况，参考和借鉴发达国家成熟的评价体系，从而为我国绿色发展的推进提供参考。

2.1 国际相关评价体系

随着绿色发展理论研究的深化，国外与绿色发展相关的指标体系研究和实践也逐渐深入，基于不同的目的，构建的指标体系各有侧重，如用来衡量可持续发展、测度绿色经济、评估绿色增长等，也产生不同的评价形式，如多指标测度体系和综合指数体系，上述体系各有特色，也能够从不同角度达到测度绿色发展的目的，对绿色发展评价具有较高的参考价值。受到较多引用、较具代表性和实践价值的主要评价体系如下。

2.1.1 联合国可持续发展系列指标体系

从 1995 年开始，联合国可持续发展委员会（United Nations Conference on Sustainable Development，UNCSD）依据《21 世纪议程》构建了可持续发展指标体系，建立了包含 134 个指标的"驱动力—状态—响应"的框架（DSR），该框架突出了环境受到的压力和环境退化之间的因果关系（黄思铭，2001）。其中，驱动力指标用于监测影响可持续发展的人类活动、消费模式和经济进程；状态指标用于监测可持续发展过程中各系统的现状；响应指标则用于监测人类为促进可持续发展所采取的政策选择。但该体系涵盖庞大的指标数目，不同背景、不同阶段的国家在运用这套指标体系时将会存在较大的分歧，从而影响其发挥应用价值。

2001 年可持续发展委员会重新设计了由 58 个指标构成的、包含 15 个主题和 38 个子题的最终框架（表 2-1），其中，包含 19 个社会指标、19 个环境指标、14 个经济指标和 6 个制度指标（UNCSD，2001）。该套体系对 2001 年以后各国开发可持续发展指标体系具有重要的指导意义，充分实现了国家政策制定、实施和评价等密切相关的可持续发展主题之间的较好平衡，同时，其广泛采纳和使用也为总体评估国际范围的可持续发展水平保障了信息的一致性（张志强，2002）。但是，该套体系在运用时也存在着指标数目庞大、可操作性不强等问题。

表 2-1　UNCSD 可持续发展主题指标框架（UNCSD，2001）

主题	子主题	指标
1. 社会		
公平	贫穷	生活在贫困线以下人口比例；收入不公平的基尼系数；失业率
	性别平等	女性与男性平均工资的比率
健康	营养状况	儿童营养状况
	死亡率	5 岁以下儿童死亡率；出生时的预期寿命

主题	子主题	指标
健康	卫生	拥有污水处理设施的人口比例
	饮用水	拥有安全饮用水的人口比例
	医疗服务	拥有基本医疗服务的人口比例；儿童传染病免疫率；避孕措施流行率
教育	教育水平	儿童获得基础教育的水平；成年获得中等教育的水平
	识字率	成人识字率
住房	居住条件	人均住房面积
安全	犯罪	每10万人口的犯罪率
人口	人口变化	人口增长率；城市正式和非正式居住的人口

2. 环境

主题	子主题	指标
大气	气候变化	温室气体排放量
	臭氧层消耗	臭氧耗减物质的消费量
	空气质量	城市空气污染物浓度
土地	农业	可耕地和永久农田面积；化肥使用；农业杀虫剂使用
	森林	森林面积占土地面积比例；森林采伐强度
	荒漠化	荒漠化影响的土地面积
	城市化	城市正式和非正式居住区的面积
海洋和海岸带	海岸带	海岸水体中海藻浓度；生活在海岸地区的总人口比例
	渔业	重要渔业种类的捕获量
淡水	水量	地下水和地表水年使用量占可利用水资源的百分比
	水质	水体中生化需氧量；淡水中大肠杆菌的浓度
生物多样性	生态系统	关键生态系统的面积；保护区面积占比
	物种	关键物种的丰富度

3. 经济

主题	子主题	指标
经济结构	经济发展	人均GDP
	贸易	GDP中的投资份额；商品与服务贸易的平衡
	财政状况	债务与GDP的比例；提供或得到的官方开发援助（ODA）总额占GDP比例
消费与生产模式	物资消费	物资使用强度
	能源利用	人均能源利用量；可再生能源资源消耗份额；能源利用强度
	废弃物生产与管理	工业和城市固体废弃物生产；有害废弃物生产；放射性废弃物生产；废弃物循环和再利用
	交通运输	人均交通旅行距离

主题	子主题	指标
4. 制度		
制度框架	可持续发展的战略实施	国家可持续发展战略
	国际合作	已批准的国际公约、协议的实施
制度能力	信息获取	每 1 000 居民中的网络用户数
	通信基础设施	每 1 000 居民的电话拥有量
	科学技术	研究与开发支出占 GDP 的百分比
	灾害预防与反映	自然灾害造成的经济和生命损失

2.1.2 联合国环境规划署绿色经济测度指标体系

随着绿色经济成为国际新趋势，关于绿色经济的评价研究也日趋增多。2012 年，联合国环境规划署（United Nations Environment Programme，UNEP）制定了绿色经济的度量框架，为各国开展绿色经济的评估提供指导。UNEP 的指标框架涉及社会、经济和环境各个领域，但总体而言更加强调环境保护，并鼓励将更多的资金投向环境领域，同时，在框架设计时也更多地体现社会进步和人类福祉（郑红霞，2013）。

在该框架中，存在 3 个重要的影响绿色经济指标的主要领域，包括绿色转型的指标、资源效率的指标和进步和福祉的指标（UNEP，2012）。绿色经济是转变经济增长方式的主要目标，发展绿色经济需要把投资投向低碳、清洁、浪费最小化、资源节约和生态系统加强的活动中，因而经济转型的关键指标包括投资转变以及随之而来的环保或有益于环境的产品与服务及相关工作的增长。资源效率的指标包括材料、能源、水、土地、生态系统变化、废弃物产生，以及与经济活动有关的有害物质的排放等方面，关键指标有能源、碳排放量、水核算等。进步和福祉的指标包括满足人类基本需求的程度，绿色经济能通过调整对绿色产品和服务的投资，转向并加强对人力资本和社会资本的投资从而实现社会进步和改善人类福祉，关键指标包括人口健康状况、受教育水平、贫困人口比例等。

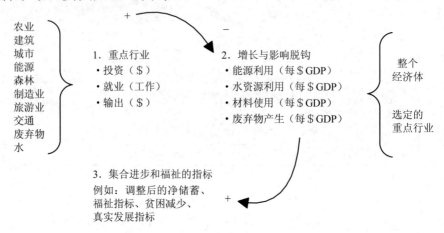

注：每美元 GDP（每 $ GDP）。

图 2-1　UNEP 绿色经济衡量框架

2.1.3　经济合作与发展组织绿色增长监测指标体系

2009 年，34 个国家的部长在经济合作与发展组织（Organization for Economic Cooperation and Development，OECD）部长级会议上极其富有远见地决定制定绿色增长战略，经合组织希冀通过制定一个框架，帮助确保绿色增长政策推动更大程度的经济一体化、技术合作以及减轻对稀缺环境资源的压力。

2010 年，OECD 公布《绿色增长战略中期报告：为拥有可持续的未来履行我们的承诺》，报告制定了绿色增长的战略框架，包含经济活动（生产、消费和贸易）、经济和社会媒介、自然资本和环境质量 3 个部分（图 2-2）。

2011 年，OECD 以绿色增长战略框架为基础，构建绿色增长监测指标体系，该指标体系包含环境与资源生产力、自然资源存量、环境与生活质量、政策响应与经济机会 4 个部分，共包括 12 个二级指标和 23 个三级指标（表 2-2）。该套指标体系由于设计比较灵活，因而在荷兰、韩国、捷克等国得到广泛应用。

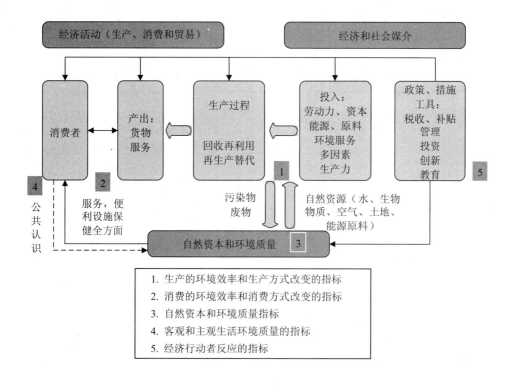

图 2-2　OECD 绿色增长战略框架（OECD，2010）

表 2-2　OECD 绿色增长指标体系（OECD，2011）

一级指标	二级指标	三级指标
环境与资源生产力	碳和能源生产力	1. 二氧化碳生产力
		2. 能源生产力
	资源生产力	3. 物质生产力（非能源）
		4. 水生产力
	多要素生产力	5. 反映环境服务的多要素生产力
自然资源存量	可更新资源存量	6. 新鲜水资源
		7. 森林资源
		8. 鱼类资源
	不可更新资源存量	9. 矿物资源
	生物多样性和生态系统	10. 土地资源
		11. 土壤资源
		12. 野生生物资源

一级指标	二级指标	三级指标
环境与生活质量	环境健康与风险	13. 环境引起的健康问题及成本
		14. 暴露在自然或人为风险下的经济损失
	环境服务和便利性	15. 污水处理和饮用水的可用性
政策响应与经济机会	技术与创新	16. 研发经费支出
		17. 专利数量
		18. 环境相关的发明
	环境产品与服务	19. 环境产品和服务产出
	国际财务流	20. 国际财务流
	价格和转换	21. 环境税
		22. 能源价格
		23. 水价与修复成本

2.1.4 联合国亚太经济与社会理事会生态效率指标体系

在资源限制、区域贫困的背景下，亚太地区采用绿色增长战略来实现可持续发展，传统的"先污染、后治理"的发展模式使得区域经济和社会面临巨大挑战，为帮助亚太地区更好地应对可持续发展方面的挑战，亚太经济与社会理事会（Economic and Social Commission for Asia and the Pacific，ESCAP）提出了一系列战略建议：如绿色税收和预算改革、可持续性消费、绿色市场的培育，等等，为更好地评价生态效率，ESCAP 主要以投入和产出来衡量，并以此为基础构建指标体系（ESCAP，2009）。

该套生态效率指标体系主要以资源消耗的强度、环境影响的强度为重点（表 2-3），涵盖宏观经济层面和农业、工业、制造业等具体行业门类，亚太理事会还以越南和东南亚地区为重点开展了生态效率指标体系的应用。该套指标体系较具灵活性，保留了足够的空间，在现阶段未包含的指标，各个国家可以根据实际的环境和经济目标来决定是否加入，从而更能切合各国实际情况。

表 2-3　UNESCAP 生态效率指标体系（ESCAP，2009）

领域		资源消耗强度	环境影响强度
宏观经济层面		水消耗强度、能源消耗强度、土地利用强度、原材料消耗强度	废水排放强度、废气排放强度、温室气体排放强度
经济各部门	农业	水消耗强度、能源消耗强度、土地利用强度	二氧化碳排放强度、甲烷排放强度
	工业	水消耗强度、能源消耗强度、原材料消耗强度	二氧化碳排放强度、固体废物排放强度
	制造业	水消耗强度、能源消耗强度、原材料消耗强度	二氧化碳排放强度、固体废物排放强度、化学需氧量排放强度
	公共和向公众开放的私人服务行业（如商圈、学校）	水消耗强度、能源消耗强度、土地利用强度	二氧化碳排放强度、废水排放强度、市政固体废物排放强度
	交通运输业	燃料消耗强度	二氧化碳排放强度

2.1.5　耶鲁大学环境绩效指数

环境可持续发展指数（ESI）和环境绩效指数（EPI）都是由美国耶鲁大学、哥伦比亚大学和欧盟委员会联合研究中心共同推出的。环境可持续发展指数自 2000 年开始首次发布，主要用于衡量各个经济体在推进环境可持续发展方面所做的具体工作。在环境可持续指数的基础上，发展了另一种新的指标体系，即环境绩效指数，主要用于重点评估各个经济体的环境治理绩效，从而为各国提供战略建议（曹颖，2010）。

环境绩效指数自 2006 年公布以来，受到各国的关注和讨论，目前，环境绩效指数报告已公布到 2016 年（YCELP，2016）。2016 年，EPI 战略框架在环境健康和生态系统活力两大目标下确定了健康影响、空气质量、水与环境卫生、水资源、农业、林业、渔业、生物多样性与栖息地、气候与能源 9 个政策领域，政策领域下共设置 19 个具体评估指标（董战锋，2016）。总体而言，该评价指标体系比较透明，且在国际上具备一定的影响力，对各个国家和地区的环境管理短板进行了深入探究，具有一定的借鉴意义（表2-4）。

表2-4　耶鲁大学环境绩效指数（YCELP，2016；董战锋，2016）

主题	政策类别	具体指标
环境健康	健康影响	环境风险
	空气质量	室内空气质量
		空气污染——$PM_{2.5}$的暴露平均值
		空气污染——$PM_{2.5}$的超标率
		空气污染——NO_2的暴露平均值
	水与环境卫生	饮用水质量
		不安全的环境卫生
生态系统活力	水资源	废水处理
	农业	氮元素使用效率
		氮元素平衡
	林业	森林覆盖率变化
	渔业	鱼类资源
	生物多样性和栖息地	陆地保护区（国家生物量占比）
		陆地保护区（全球生物量占比）
		物种保护（国家）
		物种保护（全球）
		海洋保护区
	气候与能源	每千瓦·时二氧化碳排放趋势
		碳排放强度趋势

2.2　国内相关评价体系

与国外评价指标体系相比，由于区域和发展进程的差异，国内还处于工业化进程阶段，因而在评价指标体系的设置上更多关注经济发展，而对于社会包容和人类福祉的关注相对较少，同时，更多集中于区域、城市等方面，对于具体行业尤其是工业行业领域的研究相对较少（郑红霞，2013）。

2.2.1 中科院可持续发展战略研究组可持续发展评估指标体系和资源环境绩效指数

自 1999 年开始，中国科学院组织编撰年度《中国可持续发展战略报告》，报告提出了可持续发展能力评估指标体系和资源环境综合绩效指数（Resource and Environmental Performance Index，REPI），对中国可持续发展能力变化趋势进行分析，并评估各地区的资源环境综合绩效，是国内比较典型的可持续发展评价体系，并得到较高的关注（表 2-5）。

表 2-5　中科院资源环境绩效评价指标体系

一级指标	二级指标
资源消耗强度指标	1. 能源消耗强度
	2. 单位 GDP 固定资产投资
	3. 用水强度
	4. 单位 GDP 建设用地规模
污染物排放强度指标	5. 化学需氧量排放强度
	6. 二氧化硫排放强度
	7. 工业固体废物排放强度

可持续发展评估指标体系由总体层、系统层、状态层、变量层和要素层 5 个等级组成，系统层由生存支持系统、发展支持系统、环境支持系统、社会支持系统和智力支持系统构成，根据数据的可得性采用 225 个"基层指标"，全面系统地对 45 个变量进行了定量描述，从而实现对可持续发展能力的评估（中科院，2010）。

资源环境绩效指数的构建选取了 4 个资源消耗强度指标和 3 个污染物排放强度指标，并通过等权赋值的方法，对各省（市、自治区）的资源环境绩效指数进行综合评估，以反映各省市之间资源利用技术水平的相对高低和经济发展对资源环境产生压力的相对大小。

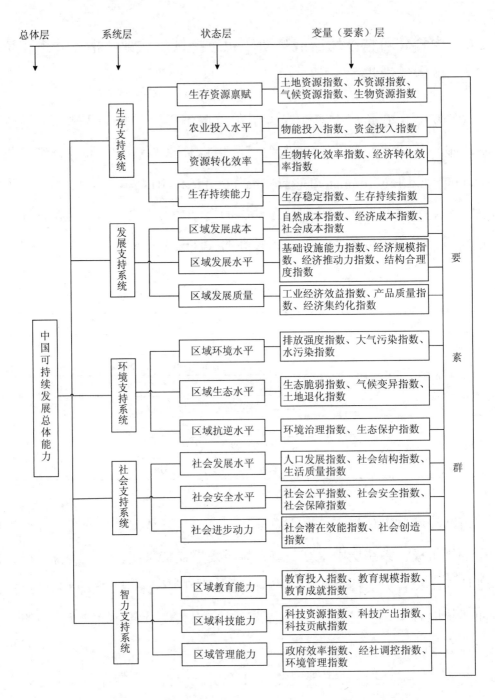

图 2-3　中科院可持续发展能力评估指标体系基本架构

2.2.2　中国社科院城市竞争力评价指标体系

中国城市竞争力报告是中国社科院发布的一个城市综合竞争力的排名，至 2017 年已连续 15 年发布相关排行榜，通过对中国两岸四地 294 个城市展开评价，做出城市竞争力的综合评估，并指出当下中国城市存在的问题，并对未来发展提出对策，从而实现城市居民福利可持续的最大化，提高居民的幸福程度。

根据最新的竞争力报告（倪鹏飞，2017），社科院将城市竞争力分为 3 个部分展开评价，分别是综合经济竞争力、城市宜居竞争力和可持续竞争力。通过竞争力评价指标体系对 294 个地级以上城市综合竞争力进行比较，从全球视角分析中国城市的整体位置，同时提出中国城市的全球竞争战略，是国内各个城市政府部门制定规划的重要参考资料。

表 2-6　中国社科院城市竞争力评价框架

竞争力类别	内容
综合经济竞争力	1. 综合效率竞争力
	2. 综合增量竞争力
宜居竞争力	3. 舒适的居住环境
	4. 便捷的基础设施
	5. 活跃的经济环境
	6. 绿色的生态环境
	7. 安全的社会环境
	8. 健康的医疗环境
	9. 优质的教育环境
可持续竞争力	10. 生态城市竞争力
	11. 和谐城市竞争力
	12. 知识城市竞争力
	13. 文化城市竞争力
	14. 全域城市竞争力
	15. 信息城市竞争力

总体而言，该体系侧重发展的全方位评价，涵盖的类别较多，是绿色发

展评价的重要参考，但绿色发展在城市竞争力的基础上更侧重发展的绿色化水平，因此指标侧重点有所不同。

2.2.3 北京师范大学等中国绿色发展指数

由北京师范大学、西南财经大学和国家统计局联合研制的"中国绿色发展指数"，是当前国内绿色发展评价方面一个极有实践价值和理论意义的开创性探索，是一个相当有参考价值的解决方案。2010 年 11 月，该指数研究成果以《2010 中国绿色发展指数年度报告——省际比较》的形式首次公开发布，此后每年发布一份相关研究报告，目前《2016 中国绿色发展指数报告——区域比较》已发布。

该指数是一种广义的多指标绿色发展测度体系，涵盖范围十分广泛，主要从经济增长绿化度、资源环境承载潜力、政府政策支持度这 3 个方向出发构建指标体系，共遴选了 9 个二级指标、45 个基础指标（表 2-7），在一定程度上能够反映中国绿色发展水平的大致趋势。该体系特别注重绿色与发展的结合，并根据实际情况不断调整、完善指标体系，突出了政府绿色管理的引导作用，加强了绿色生产的重要性，为本报告构建绿色发展指标体系提供重要的借鉴（北京师范大学，2016）。

表 2-7　北京师范大学等中国绿色发展指数框架（北京师范大学，2016）

一级指标	二级指标	三级指标
经济增长绿化度	绿色增长效率指标	1. 人均 GDP
		2. 单位 GDP 能耗
		3. 人均城镇生活消费用电
		4. 单位 GDP 二氧化碳排放量
		5. 单位 GDP 二氧化硫排放量
		6. 单位 GDP 化学需氧量排放量
		7. 单位 GDP 氮氧化物排放量
		8. 单位 GDP 氨氮排放量

一级指标	二级指标	三级指标
经济增长绿化度	第一产业指标	9. 第一产业劳动生产率
	第二产业指标	10. 第二产业劳动生产率
		11. 单位工业增加值水耗
		12. 单位工业增加值能耗
		13. 工业固体废物综合利用率
		14. 工业用水重复利用率
	第三产业指标	15. 第三产业劳动生产率
		16. 第三产业增加值比重
		17. 第三产业就业人员占比
资源环境承载潜力	资源丰裕与气候变化指标	18. 人均水资源量
	环境压力与气候变化指标	19. 单位土地面积二氧化碳排放量
		20. 人均二氧化碳排放量
		21. 单位土地面积二氧化硫排放量
		22. 人均二氧化硫排放量
		23. 单位土地面积化学需氧量排放量
		24. 人均化学需氧量排放量
		25. 单位土地面积氮氧化物排放量
		26. 人均氮氧化物排放量
		27. 单位土地面积氨氮排放量
		28. 人均氨氮排放量
		29. 空气质量达二级以上天数比例
		30. 首要污染物可吸入颗粒物天数占全年比例
		31. 可吸入颗粒物年均浓度值
政府政策支持度	绿色投资指标	32. 环保支出占财政支出比重
		33. 科教文卫支出占财政支出比重
		34. 城市环境基础设施建设投资在占全市固定资产投资比重
	基础设施指标	35. 人均绿地面积
		36. 建成区绿化覆盖率
		37. 用水普及率
		38. 城市生活污水处理率
		39. 生活垃圾无害化处理率
		40. 互联网宽带接入用户数
		41. 每万人拥有公共汽车数
	环境治理指标	42. 工业二氧化硫去除率
		43. 工业废水化学需氧量去除率
		44. 工业氮氧化物去除率
		45. 工业废水氨氮去除率

2.2.4 国家发改委等绿色发展指标体系

2016 年 12 月，国家发改委、国家统计局、环境保护部、中央组织部等部门联合制定了《绿色发展指标体系》《生态文明建设考核目标体系》等。该体系包括资源利用、环境治理、环境质量、生态保护、增长质量、绿色生活、公众满意程度 7 个方面，共 56 项评价指标（表 2-8），其中总量型指标 9 项，变动率指标 16 项、状态型指标 31 项。综合涵盖各部门"十三五"相关规划中的目标性、措施性、过程性指标，兼顾不同区域的发展差异和利益诉求。该套绿色发展指标体系主要用于开展年度评价，采用综合指数法得到年度绿色发展指数，而绿色发展指数是生态文明建设考核目标体系中的评价指标，通过逐年累加用于辅助生态文明建设的五年考核。因而，该套指标体系的定位是服务于生态文明建设任务的考核，侧重于工作引导，考核地方政府是否有效落实生态文明建设的重点目标任务。由于该套体系用于全国范围的评价，因而涵盖范围较广，体现区域特色的指标相对缺乏，此外该套指标体系无法进行绿色发展水平的横向比较。

表 2-8　国家发改委等绿色发展指标体系

一级指标	二级指标
资源利用	1. 能源消费总量
	2. 单位 GDP 能耗降低率
	3. 单位 GDP 二氧化碳排放降低率
	4. 非化石能源占一次能源比重
	5. 用水总量
	6. 万元 GDP 用水量下降率
	7. 单位工业增加值用水量降低率
	8. 农田灌溉水有效利用系数
	9. 耕地保有量
	10. 新增建设用地规模
	11. 单位 GDP 建设用地面积降低率

一级指标	二级指标
资源利用	12. 资源产出率
	13. 一般工业固体废物综合利用率
	14. 农作物秸秆综合利用率
环境治理	15. 化学需氧量排放总量减少率
	16. 氨氮排放总量减少率
	17. 二氧化硫排放总量减少率
	18. 氮氧化物排放总量减少率
	19. 危险废物处置利用率
	20. 生活垃圾无害化处理率
	21. 污水集中处理率
	22. 环境污染治理投资占 GDP 比重
环境质量	23. 地级及以上城市空气质量优良天数比率
	24. 细颗粒物（$PM_{2.5}$）未达标地级及以上城市数量下降率
	25. 地表水达到或好于III类水体比例
	26. 地表水劣V类水体比例
	27. 重要江河湖泊水功能区水质达标率
	28. 地级及以上城市集中式饮用水水源水质达到或优于III类比例
	29. 近岸海域水质优良（一、二类）比例
	30. 受污染耕地安全利用率
	31. 单位耕地面积化肥使用量
	32. 单位耕地面积农药使用量
生态保护	33. 森林覆盖率
	34. 森林蓄积量
	35. 草原综合植被覆盖率
	36. 自然岸线保有率
	37. 湿地保护率
	38. 陆域自然保护区面积
	39. 海洋保护区面积
	40. 新增水土流失治理面积
	41. 可治理沙化土地治理率
	42. 新增矿山恢复治理面积
增长质量	43. 人均 GDP 增长率
	44. 居民人均可支配收入
	45. 第三产业增加值占 GDP 比重
	46. 战略性新兴产业增加值占 GDP 比重
	47. 研究与试验发展经费支出占 GDP 比重

一级指标	二级指标
绿色生活	48. 公共机构人均能耗降低率
	49. 绿色产品市场占有率
	50. 新能源汽车保有量增长率
	51. 绿色出行
	52. 城镇绿色建筑占新建建筑比重
	53. 城市建成区绿地率
	54. 农村自来水普及率
	55. 农村卫生厕所普及率
公众满意程度	56. 公众对生态环境质量满意程度

综合前文所述的国内外相关指标体系研究，得出如下结论和建议：

（1）绿色发展指标体系研究是一项本土化特征明显的研究，必须紧密结合研究区域和研究对象的特点才能得出有价值的结论和建议，如国外指标体系较多关注资源环境、人类福祉等，而国内对人类福祉等关注较少，因而亟须开展针对具体区域的、紧密结合其绿色发展阶段的微观实证研究。

（2）当前建立的指标体系涵盖的指标种类与数量繁多，指标体系庞杂，操作难度较大，同时现有指标体系仍存在指标信息交叉重复，指标间关联性研究缺失的现象，限制了指标体系的实际应用，无法反映绿色增长复合系统的复杂性，因而亟须强化对指标体系进行筛选，为准确地判断绿色发展水平提供保障。

（3）目前研究的层次有绿色发展指标体系及绿色发展综合指数等，而各种维度均有其对应的特征，如绿色发展指标体系能直观反映促进和制约因素，但无法提供总体评估结果，绿色发展综合指数能反映总体的水平，却无法探寻其深层次的促进和制约因素，因而亟须综合两个维度的研究，建立综合的绿色发展评价指标体系。

（4）目前的研究多围绕如何更好地建立反映资源环境与社会经济状况的评估指标体系等核心问题展开，然而除了评估层面，更高层次的是将绿色发展指标体系真正用于政府决策和管理中，因而亟须通过绿色发展指数的发布真正在政策层面上形成发展战略的导向作用，满足加快转变经济发展方式的政策需求。

第 3 章
我国城市绿色发展建设现状

　　绿色发展既是理念又是举措，是永续发展的必要条件和人民对美好生活的重要体现，在"绿水青山就是金山银山"的发展理念推动下，多个省份、城市、行业纷纷开展绿色发展的实践，涌现出一批新模式、新样板，为推进绿色发展进程提供重要借鉴和参考。

3.1　国内典型城市绿色发展实践

3.1.1　浙江杭州：打造美丽中国先行区

　　杭州是浙江省省会、副省级市，位于中国东南沿海、浙江省北部、钱塘江下游、京杭大运河南端，是浙江省的政治、经济、文化、教育、交通和金融中心，长江三角洲城市群中心城市之一、长三角宁杭生态经济带节点城市、中国重要的电子商务中心之一。近年来，杭州市委、市政府以"既要金山银山又要绿水青山""绿水青山就是金山银山"等战略思想为指引，深入实施环境立市战略，生态文明建设工作取得显著成效。在浙江省委省政府 2016 年"美丽浙江"考核中获得优秀，被环保部授予"国家生态市"荣誉称号，成为全国省会城市首个、副省级城市中首批命名的国家生态市，全市建成 8 个国家生态县（市、区），119 个国家级生态乡镇、135 个省级生态乡镇。党的十八大后，习近平总书记对杭州提出"更加扎实地推进生态文明建设，努力成为美丽中国建设的样本"的要求，杭州以努力建成美丽中国先行区为己任，自觉推进"美丽杭州"建设，在美丽中国建设实践中起到示范带头作用。

2013 年 7 月，杭州市委十一届五次全会专题研究部署"美丽杭州"建设工作，审议和讨论《"美丽杭州"建设实施纲要（2013—2020 年）》和《"美丽杭州"建设三年行动计划（2013—2015 年）》。2013 年 9 月，杭州市委、市政府印发《"美丽杭州"建设实施纲要（2013—2020 年）》，纲要提出深入贯彻"既要金山银山又要绿水青山""绿水青山就是金山银山"等战略思想，坚持环境立市，把生态文明建设深刻融入经济、政治、文化、社会建设各个方面和全过程，科学布局、有序开发，创新驱动、转型发展，形成节约资源和保护环境的空间格局、产业结构、生产方式、生活方式，全面提升经济社会发展质量和生态环境质量，着力建设生态美、生产美、生活美的"美丽杭州"，努力建成美丽中国先行区，在迈向社会主义生态文明新时代的进程中走在前列。后续又印发《"美丽杭州"建设三年行动计划（2013—2015 年）》《打造"美丽杭州"、建设"两美"浙江示范区行动计划（2015—2016 年）》等文件，强化美丽杭州的顶层设计。

在生态美方面，着力保护和修复自然生态系统，着力推进环境突出问题综合治理。深入推进生态保育修复行动，杭州的城市总体规划中，明确提出了一主三副六组团、六条生态带的城市格局。全力推进"三江两岸"整治，在"三江两岸"实施保护水源水质、促进产业转型、完善基础设施、开发人文旅游、整治两岸环境、修复岸线生态等工程，将"六条生态带""三江两岸"打造成"美丽杭州"建设的亮点。实施"五水共治"（治污水、防洪水、排涝水、保供水、抓节水），启动"清水治污"等专项行动，以城市水质改善、农村截污净水、饮用水水源安全为抓手，系统性地改善城乡水体质量。开展"五气共治"（燃煤烟气、工业废气、车船尾气、扬尘灰气、餐饮排气），为 G20 峰会打下坚实的基础。

在生产美方面，着力推进产业升级和绿色转型。以"十大产业"（文化创意、旅游休闲、金融服务、先进装备制造、电子商务、信息软件、物联网、生物医药、节能环保、新能源）为抓手，着力形成"两核、三带、五区、多园"的整体框架，推进杭州创新发展、科学发展。综合运用行政、市场、法律相结合的倒逼机制，积极推进"腾笼换鸟、机器换人、空间换地、电商换市"，着力淘汰高能耗、高排放、低产出的落后产能，大力推进工业节能降耗、减排治污、清洁生产，大力发展循环经济和再制造产业，建设一批工业循环经济示范企业和示范园区，加快工业园区生态化建设与改造，建立绿色低碳的产业体系。

在生活美方面，着力提升城乡居民生活品质，着力改善城乡人居环境。贯彻实施美丽农业建设三年行动计划（2017—2019 年），实施"千村示范万村整治"等工程，推进城乡统筹协调发展。杭州美丽乡村建设已形成城乡统筹发展的主抓手，美丽乡村重点发展 7 类新兴业态，包括旅游经济、养生经济、运动经济、文创经济、物业经济、电商经济、节庆经济，目前西湖休闲观光、萧山都市休闲、余杭乡村旅游、富阳运动休闲、临安农家避暑、建德养老保健、桐庐古风民俗、淳安运动度假等都形成特色，自成一体（周涛，2013）。此外，还加强制度创新，将千岛湖畔的淳安县定为"美丽杭州"实验区，取消了对淳安县 GDP 等多项经济指标考核，保护绿水青山成为第一政绩，成功打造中国农村人居环境建设的杭州样本。

3.1.2 江苏高淳：践行生态立区新理念

高淳地处江苏省西南端，东部是丘陵山区，西部为水网圩区，全境被固城湖、石臼湖和水阳江所环抱，拥有"三山两水五分田"的生态黄金比例，自然资源禀赋突出，被誉为江苏省省会南京的后花园和南大门。2004 年，高淳县委、县政府从本地实际出发，提出全面实施"工业强县、生态立县、特色兴县"发展战略；2005 年，高淳跻身"全国百强县"行列；2008 年，高淳跨入江苏省全面小康达标县行列；2010 年，高淳县建成中国首个被世界慢城组织授予"国际慢城"称号的桠溪镇；2011 年，高淳县获授江苏省首个"国家生态县"称号，2013 年，高淳撤县设区，先后受环保部委托率先制定美丽乡村建设指标体系，被国家财政部列入美丽乡村示范区试点，"高淳模式"被农业部在全国总结推广，用实践诠释了"绿水青山就是金山银山"的发展理念（陈建刚，2014）。

强化规划顶层设计，践行生态立区的发展理念。2010 年，《高淳县休闲农业与乡村旅游发展规划》提出，重点打造桠溪国际慢城、游子山国家森林公园、固城湖风光带三大生态标志区，在此基础上实施"山水串联"工程，打造 150 km^2 的"生态廊道"。《南京市高淳区城乡总体规划（2013—2030 年）》提出，到 2020 年，全区城镇建设用地总面积控制在 65.60 km^2，其中，中心城区建设用地总面积控制在 50.50 km^2。到 2030 年，全区城镇建设用地总面积控制在 90.83 km^2，其中，中心城区建设用地总面积控制在 69.61 km^2。高淳全域面积为 802 km^2，生态涵养区面积占到 70%的比重，真正做到保持城市空间和乡村空间、建设空间和生态空间的平衡。

深入推进绿色发展，实现经济与生态的良性互动。积极发展壮大现代服务业，依托高淳优美的生态环境和丰富的人文底蕴，大力发展休闲旅游业。区委、区政府规划建设国际慢城，累计投入 20 亿元，建设慢城小镇和生态慢城、农业慢城、文化慢城、健康慢城"1+4主体功能区",如今,桠溪镇被授予"国际慢城"称号,成为国内首个国际慢城和国际慢城中国总部,游子山国家森林公园创成国家3A级景区,固城湖湿地公园成为省内最大的国家级城市湿地公园。积极发展生态高效农业,按照"基地化推动、产业化带动、品牌化促动"思路,以现代科技驱动现代高效农业发展,成功打造固城湖螃蟹全国领先有机螃蟹品牌等,建成省级现代农业产业园区——武家嘴农业科技园、全省首个现代水产类养殖示范区——永胜圩现代生态养殖示范区、龙墩湖现代农业科技园、固城台湾农民创业园"四大休闲农业基地",成为南京知名的省农业现代化建设试点区、省现代农业建设先进区、省园区农业建设先进区(王晓易,2015)。积极构建新型工业体系,优先发展智慧型产业,深入实施智慧招商策略和百企转型升级、千亿战略投资计划,制定出台创新驱动"1+3"政策等,每年拿出4.2亿元专项资金,强力推动科技创新"由点及面"拓展、"由低到高"攀升、"由普向特"转变,持续加强企业清洁生产审核、园区低碳模式改造和"三高两低"企业整治,目前已培育装备制造、节能环保、新材料、软件和电子信息等战略性新兴产业,成为江苏省无机非金属材料特色产业基地、南京市三大机器人产业基地和重要的节能环保产业基地(许琴,2015)。

抓好环境综合整治,打造舒适宜居生态环境。大力实施以修复水环境、保障水安全、塑造水景观为重点的清水流域示范工程,以固城湖生态修复、水阳江水系调整、砖墙水乡慢城"三十里荷花香"为主体全面推开全域水体整治修复工程。统筹加强城区雨污分流、镇村污水管网、农田污染拦截网络建设。区镇两级签订水环境综合治理目标责任书,对治水控污不达标单位实行"一票否决"。全力推进"靓村、清水、丰田、畅路、绿林"五位一体的"拉网式"农村环境综合整治,区财政每年拿出6 000万元专项资金用于扶持村级能力建设和村庄环境整治。以"一村一品""一村一景"思路对村庄环境进行特色化提升，因地制宜打造一批山水风光型、生态田园型、古村保护型等现代新农村，率先实现国家生态镇、环境整治村全覆盖。大力实施以城区园林化、城郊森林化、道路林荫化、乡村林果化为重点的绿满高淳造林工程，大手笔推进城市森林、农村森林、道路森林、水系森林和生物多样化森林"五个百里森林带"建设，构建"点、线、面、环、楔"相结合的泛绿地系统，精心打造环固城湖等生态湿地区、游子山等森林公园以及花山等生态公益林区，相继建成湖滨大道风光带等重点工程（陈建刚，2014）。

加强体制机制创新，构筑生态文明建设制度保障。完善环境优先的考核体系，2009 年起全面取消 GDP 考核指标，率先推行差别化考核机制，制定了发展与环境双赢的政绩考评标准，根据不同功能区的定位，对优化功能区、重点开发区、限制开发区和禁止开发区分别提出了切合实际、各有侧重的考核标准和要求，并将生态文明、绿色增长等指标考核权重提高到 70%（王晓易，2015）。创新环境管理制度，实施《生态环境功能区划》，明确生态红线区域，按照区域划分实行分级分类管控。出台《关于加强固城湖区域水源地保护的意见》等系列政策，构建水资源开发利用控制红线，强化水资源水环境刚性约束。探索建立生态支付和生态补偿制度，设立区级生态文明建设保护基金和每年区财政 8 000 万元、镇财政支出 5%以上的环保设施建设专项资金（陈建刚，2014）。

3.1.3 江苏张家港：构筑工业转型新模式

张家港位于中国大陆东部，长江下游南岸，是苏州市所管辖的县级市。东南与常熟相连，南与苏州、无锡相邻，西与江阴接壤，北滨长江，与如皋、靖江隔江相望，是沿海和长江两大经济开发带交汇处的新兴港口工业城市。1996 年，张家港被正式命名为全国首家"环境保护模范城市"，2003 年，通过"全国生态示范区"考核验收，此外，张家港还获得"国家卫生城市""全国城市环境综合整治优秀城市""中国人居环境范例奖"等多项国家级荣誉。张家港以"创新驱动、转型升级"为核心任务，实现产业迈向中高端，为全国县域"绿色化"探索发展路径。

加快传统产业提档升级，实现高端化发展。张家港的支柱产业是传统的纺织和冶金，传统行业在快速发展的同时，对土地、环境资源等消耗殆尽，同时较为单一的产业结构也制约了经济的可持续发展。张家港大力实施"腾笼换鸟"策略，出台3个"1/3"政策，鼓励有一定实力的纺织等占企业总量1/3的传统企业提升性迁移外地；采取土地回购等优惠政策推动占企业总量1/3的困难企业退出；引导、培育、支持占企业总数1/3符合产业发展方向、有发展潜力的企业（忻愚，2011）。提高环境准入门槛，建设项目审批实行总量指标和容量许可双重控制，对新建限制类项目实施"减二增一"，对鼓励类项目实施"减一增一"，禁止建设不符合国家产业政策的项目和新建排放氮磷的项目。强化园区招商选资，超过环境总量和生态承载能力、不符合环保规划要求的项目坚决不能进入园区，全市新建项目进区入园率达到90%以上，将工业园区建设成为企业集聚、产业集群、资源集约利用的先进制造业基地和环境优美、生态和谐的现代化新区。加大传统产业转型升级力度，沙钢集团作为张家港经济的龙头和本土规模企业的代表，持续推动转型升级，在继续做大做强钢铁主业的同时，布局现代物流，同时专注技改创新，打造"智能钢铁"企业，研发能够抗衡国际市场的高性能、高质量钢产品，将高效化与信息化、自动化有机结合，进一步提升企业竞争力。东渡纺织大力实施"机器换人"，智能生产系统覆盖从客户订单下达直到收汇结束，生态纺织品研发检测中心、纺织科技研究发展中心、江苏省研究生工作站等研发机构的建立更是为纺织业转型升级提供坚实基础，推动其迈向行业智能标杆。通过推动冶金行业"控制总量、集约发展、提高质量"，推动纺织行业"提升质量效率、创新业态模式"，推动机电行业"差异化、品牌化、服务化"发展，传统产业逐渐从调减低效技术设备向调整产品结构、加强技术研发等方向转变。

大力发展新兴产业,优化区域产业结构。2010 年,出台《张家港市新兴产业培育的实施意见》,该意见指出构建新能源、新材料和现代装备制造三大产业战略框架。2011 年,出台《张家港市加快发展新兴产业三年振兴行动计划》。2013 年,张家港市委、市政府制定出台《张家港市现代化建设三年行动计划》,重点实施以精心打造十大制造业基地、十大制造业项目、十大科技载体、十大生态工程等为主要内容的"810"工程,加快构建以新兴产业为先导的现代产业体系。在新能源领域,联合依托协鑫光电等龙头企业,与清华大学成立 LED 研究院,致力成为国家级公共检测平台和行业标准制定者。江苏天鹏电源有限公司致力于动力圆柱电池的研发生产,已经成为国内工具类锂离子电池第一品牌。盛隆光电实现从纺织企业到光伏企业的转型,已于 2010 年在韩国上市。在新材料领域,康得新公司在张家港保税区建设 2 亿 m^2 光学膜产业集群,全力打造全球产业链最全、集中度最高、竞争力最强的光学膜生产基地。投入 360 亿元规划和建设页岩气新材料综合利用研发生产基地,形成 210 万 t 的丙烯、140 万 t 乙烯、100 万 t 丁烯的"三烯"基础原料生产能力,未来还将向下延伸发展新材料产业,形成千亿级的新材料产业研发生产基地。在装备制造领域,2013 年,张家港经济技术开发区成为首批"国家再制造产业示范基地",目前已引进英国 ATP、全球变速箱、德孚激光设备等多个再制造项目。同时,坚持"传统支柱产业智能化升级"+"发展高端智能装备"的双轮驱动战略,推进企业向智能设计、智能生产、智能装备、智能管理、智能营销方向发展。新兴产业快速发展,已初步形成以页岩气综合利用、光学膜为支柱的新材料,以 LED、锂电池为主体的新能源,以通用装备、节能环保、重大机械、高端机电等为代表的高端装备的发展新格局。

加强政策资金支持,培育区域创新体系。2005 年后,张家港大力推动企业上市,在上市公司募集资金方面,鼓励向技术含量高、产品附加值高的新兴领域倾斜，并从土地资源、人才等多方面给予支持，推动上市公司成为结构转型的排头兵。2014 年，出台工业转型扶持资金管理暂行办法，规定市财政每年安排资金 8 000 万元，通过股权投资方式扶持相关企业，被扶持企业获得的资金用于购置先进设备、补充流动资金等。制定张家港市融资性担保公司风险补偿办法，鼓励担保公司、银行机构为企业智能化升级提供资金。2017 年 1 月，张家港正式实施聚焦转型创新驱动的"1+3"政策，具体包括《关于实施聚焦转型创新驱动行动计划的决定》和《张家港市先进制造产业领跑计划实施意见》《张家港市创新驱动能力提升计划实施意见》《张家港市人才引领智汇港城计划实施意见》。张家港对企业开展科技创新活动进行年度积分化管理，核心在于企业包括研发经费投入、知识产权、新产品、研发机构等创新措施可以兑换成积分，政府根据积分高低对企业进行不同扶持。在 2016 年的积分制考核中，张家港共有 1 200 多家企业参加"统考"拿到积分，并根据积分成绩分享了总额达 8 000 万元的创新奖金。

3.1.4　浙江桐乡：创建生态农业新样板

桐乡位于浙江省北部、杭嘉湖平原腹地，隶属于嘉兴市。东连嘉兴市秀洲区，南邻海宁市，北毗德清县、杭州市余杭区，西北接湖州市南浔区，北界江苏省吴江区，居沪、杭、苏金三角之中。近年来，桐乡以发展现代生态农业为目标，大力开展生态循环农业建设，有力推动全市农业发展方式转变和农村生态环境改善，获得全国休闲农业与乡村旅游示范县、首批省级生态循环农业示范县、省森林城市、省美丽乡村创建先进县（市）、省外向型农业先进县（市）等荣誉称号。2016 年，全市农业总产值达到 44.9 亿元，同比增长 1.65%；农业增加值达到 29.7 亿元，同比增长 0.6%，占全市生产总值（GDP）的 4.3%；农民人均可支配收入 2.96 万元，同比增长 8.3%，桐乡已进入一个从传统农业向现代农业转型跨越，工农、城乡之间走向互动融合发展的新阶段。

以政策文件为指引，加快转变农业发展方式。2014 年，桐乡成立发展现代庄园经济工作领导小组及办公室，制定出台了《桐乡市大力发展现代庄园经济的实施意见》作为桐乡发展庄园经济的指导文件，按照这一文件，到 2020 年，将建设中国最集中的各式庄园聚集区有品质的大、中、小庄园 100 个左右，形成中国最大的庄园旅游区，成为中国的"庄园之乡"。还出台《桐乡市农业社会化服务体系建设实施方案》，明确要加快构建公益性、合作性和经营性服务相结合，专项服务和综合服务相协调的农业社会化服务体系，促进现代农业的发展。2015 年，编制了《桐乡市域现代农业庄园布点专项规划》，共优选出庄园经济建设点 42 家，规划总面积 1.4 万亩，计划总投资 20.5 亿元。2017 年，制定《2017 年农业主导产业转型升级 18 个基地和品牌建设责任清单》，按照挂图作战的方法推进 18 个转型升级和品牌建设基地的提升建设。出台《桐乡市打造整洁田园建设美丽农业考核办法》，从田园废弃物清理、设施外观美化、基地环境美化、田园景观美化、基础设施建设、清洁化生产 6 个方面，重点整治内容开展考核，打造形成基础设施完善、生产环境整洁、生产设施整齐、生产过程清洁、产业布局合理的美丽新田园。

以综合利用为导向，整体推进生态循环农业。作为全省 16 个县（市、区）现代生态循环农业发展整建制推进试点县之一，桐乡出台整建制推进现代生态循环农业建设实施方案，以构筑"产业基地（小区）小循环、区域中循环、县域大循环"为重点，通过实施示范创建、畜禽养殖污染治理、化肥农药减量、清洁田园推进、生态模式与技术集成推广、农产品品质提升等行动，大力发展资源节约型、环境友好型农业，建立现代生态循环农业发展体系和农业可持续发展长效机制（宋彬彬，2015）。强化资金扶持，每年安排农业循环经济专项资金，对发展农业循环经济的重点企业、项目进行直接投资或资金补助、贷款贴息。积极创建生态循环农业模式，围绕粮油、蚕桑、食用菌、水果、畜牧产业，按照农牧结合互利、废物资源利用，形成生态循环模式。推行猪粪-发酵场+蝇卵-蝇蛆+有机干物质-家禽+水产品综合利用模式，解决规模化生猪养殖场猪粪污染治理难题，同时利用该模式生产有机农产品；推行森林草鸡循环养殖模式，解决传统养鸡畜禽养殖和环境污染问题，提高土地综合利用率；推行栽桑养蚕—园地养鸡—鸡粪育桑模式，以桑园为基础，注入生态养殖新元素，使桑与蚕、鸡与蛋互生，从而达到资源利用最大化、桑园产出多元化、生态养殖无害化的目标。

以现代科技为支撑，加快建设高效现代农业。强化龙头企业带动，组建"农村党员干部+农业龙头企业"服务模式，促进企业、农业大户产业升级，实现精品发展，同时联动镇、街道农经中心，通过合同帮扶等措施为农业龙头企业和农民专业合作社增加订单，提升经济效益。强化生产基地、示范区建设，实现基地示范、基地带动、基地提升，加速农业品牌化进程，目前建立石门殷家漾千亩蜜梨基地、龙翔万亩生态茭白基地等多个标准化生产基地，建立"石门湾""运北"等省级现代农业综合示范区，拥有"圣富德"杭白菊、"董家"茭白等一批浙江省名牌农产品。组建"农业首席专家（农技指导员）+基地农户（大户）"服务模式，实现首席农技专家结对农业基地、农技指导员结对种养殖大户，开展全方位的"菜单式"农业技术服务。组建"农业行业协会+合作组织"模式的科技支撑型服务团队，开展果蔬特产、林木花卉、蚕桑产业等多个农业行业协会与农业合作组织的走访服务，实现农业企业、农业专业合作组织的转型升级。壮大乡村旅游，推行全国旅游综合改革试点，引导海华村、马鸣村、汇丰村等一批乡村旅游项目健康有序发展，鼓励发展以水乡客栈为特色的民宿新业态。发展庄园经济，围绕"星创天地"搭建农业创业孵化园平台，崇福镇城郊村作为桐乡新型农业化"一镇三村"的试点，以发展"互联网+农业创客+特色农业产业+旅游"为载体，努力打造精品园区（沈怡华，2016）。积极探索"互联网+"现代农业的实现形式，加快物联网系统建设，嘉华牧场的《"互联网+"绿色生态智慧养猪》创新模式入选全国"互联网+"现代农业百佳实践案例，推行智能化种植、养殖管理系统，建立农村淘宝服务站、农产品网络营销服务平台淘宝网特色中国·桐乡馆，开创庄园微信公众号，上架庄园产品 APP 销售平台，提升农业现代化水平。

3.1.5 四川甘孜州：建设生态旅游示范区

甘孜藏族自治州（简称甘孜州）位于四川省西部，康藏高原东南，拥有"蜀山之王"贡嘎山、"香格里拉"之魂稻城亚丁、海螺沟冰川等世界级自然风光，是"中国香格里拉生态旅游区"的核心区，被世界旅游组织定义为"21世纪旅游发展最具潜力的地方"和"不可多得的黄金旅游线路"。近年来，甘孜州以全域旅游统领经济社会发展，把旅游业打造成甘孜的战略性支柱产业，全力创建国家全域旅游示范区。

贯彻全域旅游观念，实现精准定位。2011 年，甘孜州在全国率先提出全域资源、全面规划、全境打造、全民参与的"全域旅游"发展理念。2012 年，制定旅游发展规则。出台全域旅游发展意见，坚守规划、人口、土地、建设、生态"五条红线"，编制全域旅游发展规划和方案。2013 年，提炼出"做旅游是一个过程、做旅游就是做艺术、做旅游就是做文化、做旅游就是做细节、旅游要挣钱就要有产品、旅游还要挣更多的钱就要有商品"的认识。2014 年，提出以旅游统领经济社会发展，实施文旅、农旅、城旅、体旅相融合。2015年，精准定位全域山地旅游，叫响"甘孜山地旅游、东方户外天堂"，启动海螺沟创"5A"景区，泸定桥、木格措、甲居藏寨创"4A"景区等活动，用"创A"引领全域旅游提档升级。2016 年，创建国家全域旅游示范区，实施"最后一公里"畅通、目的地建设、藏区旅游精品线路、最美景观大道、厕所革命、信息化建设、景区城市、旅游乡镇、美丽乡村、最康巴的"十大工程"，并成功创建一个"4A"级景区，海螺沟景区景观评价通过"5A"评定（国际在线，2016）。经过5年多的探索，甘孜州基本形成全域旅游框架，全域旅游的观念也逐渐成为全社会共识。

打造特色高端旅游，突出旅游服务。全面推进生态工程，重点建设3个国家雪山公园、16个国家森林公园、15个国家湿地公园，为开展全域旅游奠定绿色基础。加快开发旅游产品，借助甘孜州发展高原现代特色生态农牧业、中藏药业等条件，深度开发酒、肉、果、蔬、茶、菌、药、水、粮、油十大特色产品，拓宽销售渠道。推进基础设施建设，增强全域旅游的可进入性，目前甘孜州已建成康定、亚丁两个机场，还将建成格萨尔机场，现已开通成都、杭州、昆明、重庆、西安、拉萨等11条航线，把317、318、227等国道打造成"中国最美景观大道"，进出州通道超过10个。完善服务设施，将"溜溜康巴"网建设成为集政府管理旅游、服务游客的大数据中心，推进旅游厕所、标识标牌、观景平台、旅游综合服务站、旅游停车场等建设。依托乡镇政府、卫生院、派出所加强旅游综合服务站（点）和应急救援建设。推进自驾车营地、加油站、旅游综合服务站等建设，促进自驾旅游。推进星级酒店、星级乡村酒店、民俗旅游达标户建设，完善配套服务。完善政策法规体系，制定了《旅游发展条例》，出台了《旅游资源保护与开发管理办法》《旅游沿线经营秩序及环境美化管理办法》《旅游产业促进政策》《乡村旅游发展意见》等规章，完善"全域旅游"发展的体制机制。依托举办各种旅游推介活动、旅游节、艺术节、音乐节、马拉松、挑战赛等，增加甘孜州旅游吸引力。

坚持生态保护优先，实现持续发展。在推进全域旅游中，甘孜州坚持"五个是"和"五个不是"。"五个是"即全域旅游是一种理念引领、是一种生活追求、是一种发展模式、是一种综合提升、是一种情怀、是一种责任，是功成不必在我的一种奉献。"五个不是"即全域旅游不是发眼前财、断子孙路，不是家家生火、户户冒烟，不是到处修宾馆、处处搞接待，不是粗制滥造、零门槛进入，不是千篇一律、照搬照抄。坚持管住"三块土地"，坚决管住宅基地、承包地、未建设用地，从源头上防止旅游发展中的各种乱象。坚持"先保护后发展""先规范后准入""先地下后地面"，做到"去水泥、去瓷砖、去人工痕迹，加绿、加水、加文化"。达到"三亲"目标，即亲自然、亲文化、亲生态。甘孜州始终把生态保护放在最前面，守护原生态、传承原文态、留住原住民，做到生态、文态、业态相统一（李洋，2016）。

3.2　珠三角城市绿色发展经验做法

珠三角是我国改革开放的先行地区和重要的经济中心区域，在全国经济社会发展和改革开放大局中具有突出的带动作用和举足轻重的战略地位，近年来，珠三角各市集合自身自然资源禀赋和实际需要，着力推进绿色发展、循环发展、低碳发展，在产业转型升级、环境保护与治理、生态文明制度创新等方面积极展开实践，为探索绿色发展模式提供重要参考。

3.2.1　实施创新驱动发展，推动产业绿色转型

目前，广东省正在全力实施创新驱动发展战略，推动经济社会转型升级。其中，珠三角正在建设国家自主创新示范区，各市正在如火如荼实施创新驱动发展战略，每个市均建设有区域重大创新战略示范平台：重点建设广州南沙、深圳前海、珠海横琴三大自贸区；重点建设东莞水乡特色发展经济区、中山翠亨新区、江门大广海湾经济区、惠州环大亚湾新区、肇庆新区等省级新区；重点建设广州知识城、广州国际创新城、深圳大学城、珠海航空产业园、佛山"中国南方智谷"、中德（佛山工业服务区）、惠州潼湖生态智慧区、东莞松山湖大学创新城、中以（东莞）国际科技合作产业园、东莞两岸生物技术产业合作基地、江门"珠西智谷"、肇庆"华南智慧城"等一批战略性平台，引领区域创新发展。其中部分城市的先进经验

和做法具有借鉴意义：

（1）以深圳为代表，大力发展高科技创新产业，推动产业向高端化迈进。深圳把创新从科技发展战略、产业发展战略上升为城市发展的主导战略，是广东和全国实施创新发展的排头兵和领跑者，研发上重投入、发挥企业创新主体作用、吸引创新人才、完善"四创联动"创新体系是深圳推动创新的密码。2015 年，仅华为公司研发投入资金就达约 500 亿元，超过国内某些发达城市甚至绝大多数省份的研发投入。深圳全社会研发投入占 GDP 比重达 4.05%，强度比肩韩国，总量实现 5 年翻一番；2015 年深圳 PCT 国际专利申请超越英法等国，达 1.33 万件，占全国的 46.9%。"孔雀计划"是深圳在创新领域发挥政府"有形之手"的典型。截至 2015 年年底，深圳累计引进"孔雀计划"创新团队 63 个、"海归"人才近 6 万人。推动创新、创业、创投、创客"四创联动"，形成创新生态链，率先建立"综合创新生态体系"，该体系的核心是推动各类创新要素形成一个正向振荡，科研资金最早投入，最后通过成果和金融创新走下来，最后再回到科研创新，进行新一轮的更高技术、更高水平的创新。目前，深圳在全球产业链上的地位正在发生变化，硅谷和深圳的联系越来越频繁，硅谷人才尤其是硬件创业者往深圳跑，深圳企业也在向硅谷发展。2015 年中国城市竞争力研究会发布的城市综合竞争力排名上，深圳凭借领先的创新优势，一举超越北京，跃居第三名，直逼第二名的香港。而在成长竞争力排名上，深圳则位居榜首。在经济产业转型升级的同时，深圳灰霾天数却达到 23 年来最少，单位 GDP 能耗达全国最低。

（2）以佛山为代表，推进传统制造业转型升级，打造转型升级典范城市。佛山是以传统产业为主的制造业城市，到现在为止传统产业占 70%，新兴产业占 30%，传统产业当中又以民营经济占大头，民营经济占 70%，中小微企业很多。因此，传统制造业转型升级是佛山产业升级的关键，着重从向外、向内、向上、向下 4 个方面着力，来促进佛山制造业的转型升级。①向外，即利用佛山的产业能力比较齐全、配套加工能力比较强的优势，以产业链招商为抓手来大力引进和培植一些新兴产业；②向内，即以技术改造为核心，促进现有的制造业企业大力进行技术改造，实现存量的优化，新一轮的技术改造将是佛山制造业转型升级的一个强大推动力；③向上，积极向中央和省争取佛山作为转型升级的试点示范，支持佛山在制造业方面、改革创新方面先行先试；④向下，即着力深化改革，大力培育创新创业的热土。非常重要的一点是，在整个佛山产业转型升级中，避免了产业空洞化、空心化。国务院发布 2015 年大督查情况通报，佛山依托智能制造加快产业转型升级的经验与成效受到国务院肯定。

（3）以珠海为代表，坚持生态立市，充分发挥生态文明新特区优势。绿色是珠海最大的名片。坚持生态立市的理念，实施主体功能区划，将全市国土空间划分为提升完善区、集聚发展区、生态发展区和禁止开发区四类，划定市域生态控制线总面积为 1 051.08 km^2，占全市陆域总面积的 58.44%，保护超过陆域面积 70%的绿色开敞空间，为全市绿色发展奠定了良好的生态安全格局。以生态示范创建为载体，统筹推进"天更蓝、水更清、城更美、环境更安全"四大生态工程，为珠海市民提供了更多的获得感。2016 年，珠海市获得"中国生态文明奖"，这是我国设立的首个生态文明建设示范方面的政府奖项，也是目前我国级别最高的生态文明专项奖之一。时任环保部部长陈吉宁表示，珠海等生态文明示范创建先行先试地区为全国生态文明建设积累了宝贵的经验。

（4）以东莞为代表，探索环境再造，打造水乡特色发展经济区。改革开放以来，东莞从一个农业县成长为现代制造业名城，走出了一条独具特色的城镇化发展道路，然而因为"城市不像城市，农村不像农村"的格局，也被诟病为"一座没有中心的城市"。随着近年来东莞大力推动经济社会双转型战略，城市形态得到改变与提升，一座文化新城、生态绿城正在迅速崛起。水乡特色发展经济区是东莞探索跨区域统筹发展的新尝试，过去当地河涌受工业污染严重，被称为"污水汇聚区、垃圾堆填区、高压线网走廊区"。近年来，经过按"生态优先、治水为前、以绿为基、以水为源"原则进行的环境系统修复，现在的园区水清草绿、鸟语花香，已呈现一派水乡泽国的新貌，华阳湖上清波荡漾，马滘河边桃红柳绿，成为观景休闲的绝佳场所。优越的生态环境已成为吸引项目落户的重要砝码，2013 年 7 月，东莞第一个"三重"项目——海斯坦普汽车组件项目在东莞生态产业园区试产，比预期足足提前了两个月；同年，拟投资 600 多亿元的粤海项目也落户该地，是东莞目前最大的单体投资项目，粤海项目正在探索"园镇统筹"的发展新模式，打造产业与城镇融合发展的新型城镇，可为全省乃至全国探索新经验。

3.2.2 系统开展环境治理，改善生态环境质量

近年来，珠三角地区以改善环境质量为核心，系统推进污染治理，生态环境质量明显改善。2016 年珠三角地区 AQI 达标率为 88.9%，比上年提高 0.5 个百分点，PM_{10}、$PM_{2.5}$ 的年均浓度分别为 50 μg/m³、32 μg/m³，比上年下降 5.7%、8.6%，珠三角地区空气质量继续在全国三大重点防控区中保持"标杆"。2016 年珠三角城市集中式饮用水水源水质保持百分之百稳定达标，重点流域水环境质量有所改善。深化大气污染联防联治，持续改善区域空气质量，以珠三角绿色生态水网构建为抓手，全面推进水环境综合治理。

（1）持续深化区域大气联防联控，打造空气质量标杆。广东省在 20 世纪 90 年代中后期就开始系统研究大气污染治理问题，出台全国首个大气污染防治地方政府规章——《广东省珠江三角洲大气污染防治办法》，在珠三角地区建立了全国首个区域大气污染防治联席会议制度，在国内发布实施首个面向城市群的大气复合污染治理计划——《广东省珠三角清洁空气行动计划》，率先以改善大气环境质量为目标实施区域联防联控。强化环境质量目标导向，

对大气污染治理工作进展滞后的地区发出预警函，对空气质量恶化的城市政府主要负责人进行约谈，推动各地政府切实采取有效措施改善空气质量。建成国内领先的区域空气质量监测网络和国家环境保护区域空气质量监测重点实验室，率先按照国家空气质量新标准开展 $PM_{2.5}$ 等指标监测并实时发布，及时启动对 $PM_{2.5}$ 等重点大气污染物的防控。珠三角在全国率先建成黄标车跨区域闯限行区联合执法网，实现黄标车闯限行区联合电子执法，深圳、佛山、中山、惠州等市实施全区域黄标车限行。深圳市积极运用源解析成果指导政府科学施策，空气质量名列全国副省级以上城市首位。由于关注早、预防早、行动早，已形成了一套有效的区域大气污染防治机制，推动"十二五"期间大气污染防治工作取得明显成效，珠三角地区细颗粒物（$PM_{2.5}$）浓度在国家三大重点防控区中率先达标。

（2）将治水与城市升级相结合，积极探索治水新模式。六河（广佛跨界、淡水河、石马河、练江、茅洲河、小东江）流域是广东治水的重中之重。近年来，珠三角以重污染跨界河流整治为重点，加强水质目标考核和跟踪督办，统筹流域联合治理，全面实行"河长制"，严格落实治污主体责任，探索出具有岭南特色的治水新路径。

☞ 深圳创新茅洲河流域污染治理模式：采取"四个一、五个全"（"一个平台、一个目标、一个项目、一个工程包"和"全流域统筹、全打包实施、全过程控制、全方位合作、全目标考核"）创新流域整体治理模式，将宝安区范围内 112 km^2 的茅洲河流域，一条干流、18 条支流作为一个系统，开展系统性全流域治理。整个茅洲河流域(宝安片区)水环境综合整治项目与中电建集团签约，工程总投资估算 152.10 亿元，EPC 招标控制价 140 亿元，包括河道综合整治、片区排涝、雨污分流管网、水生态修复、补水和综合形象提升六大类工程和 46 个子项目。

☞ **东莞探索绿色生态水网建设新模式**：目前，珠三角各市正在积极推进绿色生态水网建设。东莞以环保大投入为基础，以水乡地区建设为示范，以湿地公园建设为突破，以培育水处理产业为抓手，以建立长效机制为根本，水环境整治取得了阶段性成效，大部分河流水质有了一定改善。其中，东莞将建设湿地公园与推动镇村发展、园区开发、促进城市更新结合起来，打造出绿色生态水网建设新模式。麻涌镇华阳湖湿地公园建成后，吸引了融易集团、联华国际等一批"三旧"改造项目在周边落户，公园附近土地租金增长了8倍，华阳村集体每年增加收入约500万元，公园附近的大步村由原来的上访村转变为文明村。时任广东省省长朱小丹表示，东莞市立足自身水乡特色，将湿地公园建设与水污染治理、产业转型升级、水乡文化传承有机结合，不断完善体制机制，绿色生态水网建设取得较好成效。

（3）补齐生态环境短板，探索农村环境保护新思路。惠州市创造性开展"美丽乡村·清水治污·清洁先行·绿满家园"三大行动，推进农村环境大整治。开展"清水治污"行动，治农村污水。以开展农村生活污水治理、饮用水水源保护、河道整治、工业废水治理、养殖废水治理、水生态文化培育六大行动为抓手，全面推进农村水环境综合整治。每个县、镇按"每年治理一条河涌"的要求，推进79条镇级河涌（黑臭水体）整治。计划到2017年实现"一村一设施"。开展"清洁先行"行动，治理生活垃圾。开展"绿满家园"行动，美化绿化乡村，大力实施公园下乡、整村推进村庄绿化工程，完成村庄绿化建设607个，创建森林村庄369个，集中居住型村庄林木绿化率达到63.27%，基本实现了"村庄园林化、庭院花园化、道路林荫化"。

创新农村环境基础设施建设投融资模式。在农村生活污水处理设施建设方面，惠州市推广PPP模式，以县（区）为单位，对农村生活污水处理项目进行统筹打包，统一招投标，吸引社会资本。因地制宜建设人工湿地处理农村生活污水，仲恺高新区东升村则采取光伏发电与污水处理结合，通过定向生物膜一体化处理设施，利用电力处理周边村庄的生活污水，处理过的水直接用于农业灌溉。所用的电由设备间屋顶的光伏发电提供。在农村生活垃圾治理方面，推行政府购买服务，把垃圾清扫、保洁、收集推向市场，实现政府"花钱养人、养事"向"养事不养人、以费养事"转变。发动社会力量，部分镇村在推进生活污水治理时，大力发动乡贤、企业捐赠，拓宽资金渠道。如龙门县平陵镇光镇村，通过"三个一点"的办法，筹集资金 270 万元，建成人工湿地 15 处、污水收集管 2.3 km，实现生活污水处理设施"全覆盖"。

（4）以建设珠三角森林城市群为载体，加强生态保护。目前，珠三角正在全力推进森林城市群建设。珠三角各市把建设国家森林城市工作纳入经济社会发展全局当中，高度重视绿色发展，积极推进实施"森林进城、森林围城"，加快城郊森林、城区绿化和城市湿地建设，在创建国家森林城市、开展环境保护和污染治理等方面取得积极进展，形成了城市带状森林、水乡湿地等突出亮点，城市生态建设水平明显提升。珠三角区域森林覆盖率达 51.5%，城区绿化覆盖率达到 42.8%，城区人均公园绿地面积 19.2 m^2。目前，广州、惠州和东莞已成功建成国家森林城市，珠海、肇庆创建工作进入攻坚阶段，深圳、佛山、中山、江门等市已向国家提出创建的备案申请并获得批复。

根据珠三角国家森林城市群建设规划，计划到 2018 年 9 个城市全部达到国家森林城市标准，形成类型丰富、布局均衡、结构稳定的森林绿地体系，到 2020 年区域森林覆盖率达到 52%，实现国家级森林公园九市全覆盖。建设一批高质量、高水平、高效益、有特色的森林公园，完善森林公园网络体系，新建森林公园 78 个。提升各市国家级森林公园建设水平，建设佛山西樵山、珠海黄杨山、肇庆广宁竹海、东莞观音山、广州石门、江门圭峰山、深圳梧桐山、惠州南昆山、中山五桂山等国家森林公园，实现国家级森林公园市域全覆盖。

3.2.3 发挥先行先试作用，积极创新体制机制

在体制机制创新方面，珠三角深入发挥"试验田"和示范区的作用，建立珠江综合整治联席会议制度和珠三角区域大气污染防治联席会议制度，在全国率先制定实施《广东省跨行政区域河流交接断面水质保护管理条例》。广佛肇、深莞惠、珠中江 3 个经济圈在区域一体化联席会议制度下设立了环境保护专责小组，共同签署了加强经济圈环境保护和生态建设等协议，联合制定了经济圈环境保护和生态建设规划，深入开展经济圈水资源保护、跨界水污染防治、区域大气污染防治、区域生态保护等合作。各个城市也积极开展体制机制创新，强化绿色发展的制度建设和机制保障。

（1）以广州为代表，率先划定生态保护红线，强化环境空间管控。目前广州市已率先编制完成《广州市城市环境总体规划（2014—2030 年）》（以下简称《总体规划》）并经市人大审议。《总体规划》首次划定生态保护红线。将国家、省已划定的法定生态保护区及广州市水源涵养、土壤保持、生物多样性保护、水土流失等生态系统重要区，划入生态保护红线，并与基本生态控制线进行了无缝对接，形成目前国内最为细致的生态红线方案。《总体规划》明确了生态保护红线总面积为 1 059.66 km^2，约占全市域土地面积的 14.25%。白云山风景名胜区、海珠湖湿地公园、流溪河国家森林公园、从化温泉自然保护区等，均位列其中。根据《总体规划》，生态保护红线是区域生态安全的底线，按照"不能越雷池一步"的总体要求，实施严格的生态用地性质管制，确保各类生态用地性质不转换、生态功能不降低、空间面积不减少。构建源头预防、过程控制、损害赔偿、责任追究的生态保护红线管控制度体系。

（2）以佛山为代表，构建"大监管"体系，创新"大环保"格局。为加强对排污企业的监管，佛山市从 2013 年开始推行环境监察网格化管理工作，按照"三定、四清、五统一"的思路开展工作："三定"即定网格、定企业、

定责任人,通过对佛山整个地理空间实行网格化管理,构建起纵向到底、横向到边的环境监管网络,全市(除顺德区外)共划分 57 个镇街单元网格、11 个区级网格和 6 个市级网格,实现监管责任全覆盖。"四清"即网格责任人必须清楚企业生产工艺、清楚企业污染物治理工艺、清楚企业污染物排放、清楚企业环境风险环节。"五统一"即统一执法责任、统一执法规范、统一执法频次、统一执法文书、统一处罚标准。顺德区率先在全省设立"环保警察",在公安局内部成立固定的环境犯罪侦察中队,并在各镇街公安分局设立环境侦查工作组,与环境保护行政管理部门一起开展联合执法巡查。通过在"环保警察"、无人机执法等方面的探索,构建起环保"大监管"体系。

佛山市强化环保责任落实,先后出台了《佛山市环境保护责任制考核办法》《佛山市环境保护"一岗双责"责任制实施办法》《佛山市人民政府环境保护行政过错责任追究办法》等多份重要文件,规定各区人民政府和市有关部门的领导班子和领导干部既要履行职务对应的岗位业务工作职责,又要履行环境保护工作职责。每年上半年,佛山市环境保护委员会公布上一年度各区政府和市有关部门环境保护责任制考核结果,并向社会公开。各部门之间已经在制度上形成了"党委统一领导,政府具体负责,市环委会牵头负责,市、区、镇三级联动,环保部门全程跟进,职能部门齐抓共管,社会广泛监督"这一极具当地特色的"大环保"执法格局。

(3)以珠海为代表,加强顶层设计,强化生态文明制度体系支撑。珠海在生态文明制度创新方面一直领跑,2014 年珠海市就印发实施了《珠海市生态文明体制改革工作方案》。充分利用特区立法权,通过立法先行构筑生态文明建设的制度保障,在全省率先出台《珠海市经济特区生态文明建设促进条例》,提出要探索自然资源资产离任审计制度、探索排污权交易制度、明确主体功能区管理、探索生态文明考核制度、推进"五规融合"等创新做法。2015年起珠海正式实施生态文明考核制度,由被考核单位自评、市直单位测评、专家现场考核、第三方专家综合测评、满意度调查等各个环节组成，通过强化考核结果，使生态文明建设从"软约束"向"硬约束"转变。实施生态补偿制度，作为全市重要的饮用水水源保护区和基本农田保护区，莲洲镇为保护生态环境而牺牲工业发展，2014年开始珠海对莲洲镇设立生态保护补偿机制，每年补助2 800万元资金。莲洲镇利用资金和良好的生态环境，积极发展现代农业和生态旅游业，大力推进幸福村居建设，打造生态文明风貌特色镇，目前已经取得了成效，其中莲洲镇莲江村在整合莲江村旧村落和生态环境资源基础上打造了"十里莲江"生态旅游项目，通过土地流转、门票分成、吸收就业、客栈经营、农产品销售5个渠道提高莲江村村民收入。积极推进"五规融合"，珠海正在全省率先推行国民经济和社会发展规划、主体功能区规划、土地利用总体规划、生态文明建设规划、城乡规划"五规融合"，完善空间规划体系。

（4）以深圳为代表，积极推进制度创新，打造生态文明体制改革"高地"。大鹏新区是深圳的"生态基石"，具有系统推进生态文明体制改革的资源优势。在深圳率先出台《大鹏半岛生态文明体制改革总体方案（2015—2020年）》，率先实施一批全国先行先试的改革举措，如在全国率先推出县级自然资源资产负债表，初步完成数据采集、系统建设等工作，全国首个"自然资源资产数据库管理系统"上线运行；在全国率先试点实施区管领导干部生态任期审计，完成试点项目现场审计；在全国率先成立生态环境保护综合执法局，整合生态环保、水务、林业、规划土地、海洋渔业等领域行政执法职能和相关机构；在全国率先创新构建大鹏半岛生态文明综合指数，探索建立区域生态文明综合评价体系等。经过近几年努力，生态文明体制改革逐渐成为大鹏新区全面深化改革的特色招牌。2014年，环保部突破"生态区"和"行政区"两项限制条件，专门发文特批大鹏新区为全国生态文明建设试点。2015年，新区以小组第一和全国第一的评审成绩，先后被评为全国生态文明先行示范区、国家级海洋生态文明建设示范区。

另外，深圳市将在六大方面深入推进生态文明体制改革：①积极探索环境执法和监测体制的改革，配合市编办，开展环保垂直管理研究，以垂直管理改革为契机，进一步强化环境执法监管；②进一步简政放权，推进建设项目竣工验收与排污许可合并，提高审批效率，减轻企业负担；③以实施茅洲河流域环境监管执法两年大会战为契机，在流域内推进排污许可证改革、执法模式创新试点，形成好的执法经验在全市推广；④加快推进环境污染损害鉴定评估试点，开展环境损害鉴定评估案例实证研究，为探索生态环境损害责任者赔偿制度提供基础；⑤研究探索深圳市的资源环境承载能力监测预警机制；⑥进一步研究探索深圳市的自然资源资产核算体系，为深圳市探索建立自然资源资产监管体系，开展领导干部自然资源资产离任审计，落实党政领导干部生态环境损害责任追究制度等系列改革提供基础。

第 4 章
珠三角绿色发展特征分析

珠三角作为全球第二大经济体转型发展的前沿阵地，通过大力推进产业结构优化调整、污染减排、能源资源集约节约利用，在经济发展和环境保护方面取得显著成绩，产业结构、污染排放水平、资源能源利用效率等多项指标处于领先。经济社会发展和生态环境改善呈现融合发展态势，经济社会环境具备率先全面对标国际先进水平的基础条件，能够也应当勇于承担引领我国经济社会发展绿色转型的重任，为践行绿色发展新理念打造示范样板。

4.1 经济社会发展历程

4.1.1 经济发展特征

1994 年广东省委、省政府正式宣布成立珠江三角洲经济区，这是我国第一个打破行政区划、按照经济区划原则建立的经济区，2008 年国务院下发《珠江三角洲地区改革发展规划纲要》，范围包括广州、深圳、珠海、东莞、佛山、江门、肇庆、中山、惠州共 9 个城市，依托良好的地理优势、政策优势，珠三角快速发展成为广东经济发展的龙头，在全国经济发展中也占据举足轻重的地位。

（1）经济保持较快增长态势。近年来，珠三角以改革发展规划纲要为指引，主动适应和引领经济发展新常态，以提高经济发展质量和效益为中心，实施创新驱动发展战略，狠抓重大项目、重大平台和重点企业，实现经济转型升级、优化发展。

2015 年，珠三角 GDP 达到 62 267 亿元，相比上年增长 8.6%，从各个阶段来看，"十五"时期，珠三角年均增长率达到 15.6%，"十一五"时期，珠三角年均增长率达到 13.5%，"十二五"时期，受国际金融危机的后续影响及经济迈入新常态的大背景，珠三角经济增速有所放缓，下降为 8.7%左右，而同期全国及全省的平均水平分别为 7.8%和 8.5%，珠三角优于全国及全省平均水平，仍然保持着经济发展的领先优势（图 4-1）。从经济总量来看，珠三角 GDP 占到全国 GDP 的 9.1%，对全国经济增长发挥重要的支撑作用，经济总量与国际先进城市群水平相当，已经超过美国旧金山湾区（4 300 亿美元）和韩国首尔都市圈（6 300 亿美元），并接近伦敦大都市圈水平（10 600 亿美元）。

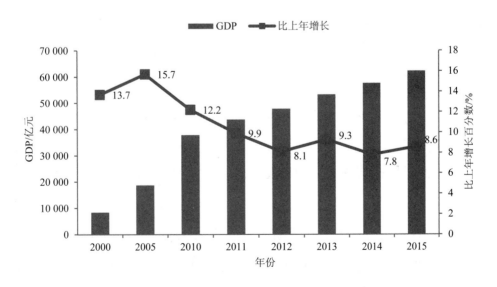

图 4-1　珠三角地区生产总值及增速演变趋势

　　从人均 GDP 水平来看，2015 年，珠三角人均 GDP 达到 10.7 万元，换算成美元为 1.6 万美元，分别是 2015 年全国和全省平均水平的 1.6 倍和 2.2 倍。"十一五"期间，珠三角人均 GDP 增长较为迅猛，增速高达 9.2%，"十二五"时期，受经济下行压力影响，增速下降为 7.4%。从总量来看，按照世界银行划定的国家与地区收入水平划分标准，珠三角已达到高收入国家或地区的水平，与京津冀、长三角等城市群相比，珠三角人均 GDP 分别为京津冀和长三角的 1.6 倍和 1.2 倍，与世界城市群相比，仍有较大差距，比较接近的为首尔都市圈水平（2.5 万美元），人均国民生产总值尚有待提升（图 4-2）。

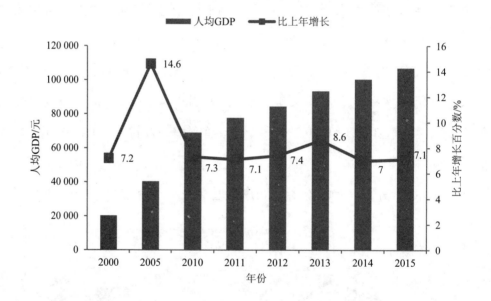

图 4-2　珠三角人均地区生产总值及增速演变趋势

　　从工业发展趋势来看，2015 年，珠三角工业增加值达到 25 482 亿元，比上年增长 7.6%，"十二五"之初，珠三角工业承袭"十五""十一五"期间的高速增长态势，2011 年工业增加值增速达到 10.5%，2012 年受内外需减弱、生产成本上升等双重压力的影响，珠三角工业生产增长速度大幅度放缓，"十二五"期间工业增加值平均增速达到 8.1%，虽相比"十五""十一五"增速有所放缓，但其作为经济平稳增长的有力支撑作用不断增强，总体而言，珠三角工业增加值总体呈现缓中趋稳态势（图 4-3）。

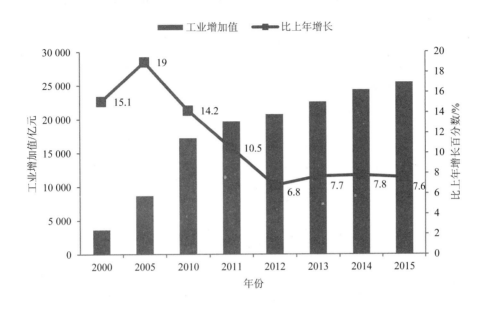

图 4-3　珠三角工业增加值及增速演变趋势

（2）经济发展龙头地位突出。广东省根据地理位置和经济特点划分为珠三角经济区、东翼、西翼及北部山区 4 个经济区，东翼、西翼及北部山区又被概括为粤东西北地区。珠三角是全省工业化程度最高、发展环境最好的地区，也是全国经济最发达的地区之一，东翼和西翼分别位于珠三角的东、西两侧，生产力发展处于中游，而北部山区经济增长基础较为薄弱。

从 GDP 总量来看，珠三角在广东经济中占据"龙头"地位，2000 年珠三角占全省 GDP 比重达到 75.2%，2005 年，此比重攀升至 79.8%，进入"十二五"后，比重有所回落（图 4-4），缩小到 2015 年的 79.1%，得益于粤东西北振兴发展战略的实施，粤东西北增速逐渐提升，珠三角和粤东西北之间经济实力的相对差距呈缩小趋势，区域经济发展从一级向多级转变。

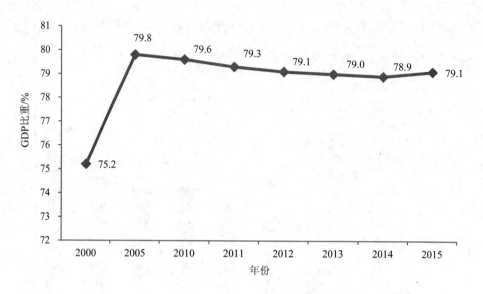

图 4-4　珠三角 GDP 占全省 GDP 比重演变趋势

从人均 GDP 水平来看，珠三角人均 GDP 占据优势，随着粤东西北人均 GDP 增速的提升，珠三角和粤东西北之间人均 GDP 的相对差距有所缩小，2000 年珠三角与粤东西北人均 GDP 之比为 1.48∶1，2015 年珠三角与粤东西北人均 GDP 之比为 1.44∶1，但绝对差距仍在不断的扩大（图 4-5），人均 GDP 总量差异仍然较为悬殊，同时，单从珠三角内部来看，也呈梯级发展态势。

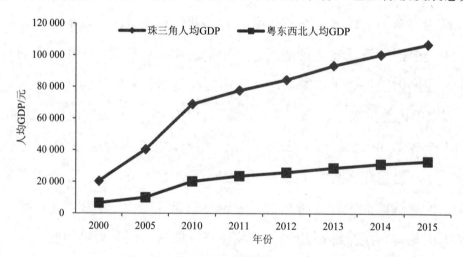

图 4-5　珠三角与粤东西北人均 GDP 对比

从工业增加值来看，珠三角占全省工业增加值比重变化趋势较为波动，与 GDP 呈现的趋势不同，珠三角工业增加值占全省的比重仍呈现上升趋势，2000 年比重为 81.1%，2015 年该比重提升为 84.2%，而同期，珠三角 GDP 占全省比重为 79.1%，显示珠三角的工业化程度较高（图 4-6）。

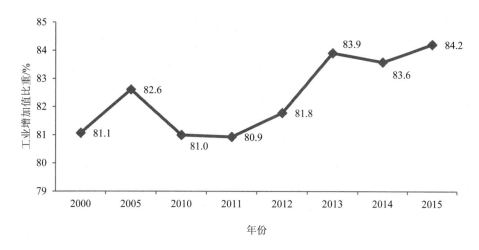

图 4-6 珠三角工业增加值占全省工业增加值比重演变趋势

（3）经济发展模式不断创新。从外向型经济到重化工业、双轮驱动，及目前的创新驱动阶段，珠三角的经济增长方式也经历从低速度到起飞、高速追赶，从而发展到目前的增速回落、稳中趋缓的发展阶段，珠三角地区根据自身的经济和社会发展条件，形成各个城市之间有所不同的经济发展模式（专栏 4-1）。

专栏 4-1 珠三角区域经济发展模式

改革开放以来，珠三角凭借其独特的政策优势、区位优势等，从"弹丸之地"发展成为广东省经济发展的龙头，成为最具生机活力、经济增长最快的地区之一，在经济发展过程中，逐渐形成增长极带动型、点线连接型、经济圈网络型、产业梯次转移型等创新型经济发展模式（许德鸿，2010）。

　　增长极带动型　结合珠三角的城市经济发展实际，大致分为中心城市、区域中心城市、较大城市和接受辐射的城市4个层级。广州是广东省的省会城市，2015年GDP总量在珠三角9个城市中处于第一位，也是国家中心城市、国际商贸中心、国际航运中心。深圳是中国改革开放建立的第一个经济特区，是中国改革开放的窗口，也是具有一定影响力的国际化城市、全国经济中心城市、国家自主创新示范区，2015年深圳市人均GDP在珠三角9个城市中处于第一位。以广州、深圳为中心，强化中心城市的示范引领和辐射功能。珠海是区域中心城市，是中国最早实行对外开放政策的4个经济特区之一，2008年国务院颁布实施珠江三角洲地区改革发展规划纲要（2008—2020年），并明确珠海为珠江口西岸的核心城市，人均GDP水平仅次于深圳、广州，位于珠三角城市群第三位，随着粤港澳大湾区的建设推进，横琴、高栏、高新"三大引擎"的乘数效应还将不断放大。从城市规模、经济发展实力来看，可将东莞、佛山归类为较大城市，2015年，佛山、东莞GDP总量位于第三、第四位，处于上游水平，在经济社会发展方面，佛山是传统产业转型升级的典范城市，东莞是国际制造名城。除上述城市外，还有中山、江门、惠州、肇庆等市，经济总量相对靠后，是受到辐射的地区。在中心城市的辐射带动下，从人均GDP水平来看，珠三角内部形成第一梯队（广州、深圳、珠海、佛山、中山）、第二梯队（惠州、东莞）、第三梯队（肇庆、江门）的梯级发展模式。

　　点线连接型　点线指经济活动在地理空间上构成经济联系的通道，包括交通线、城镇轴线等，根据珠三角地理位置，大致可分为珠江口东岸地区和珠江口西岸地区。《珠三角改革发展规划纲要》提出以广州、深圳为中心，以珠江口东岸、西岸为重点，推进珠江三角洲地区区域经济一体化。珠江口东岸地区包括深圳、东莞、惠州，西岸地区包括佛山、江门、中山、珠海和肇庆，广州跨东西两岸。目前，深圳正在建设前海深港现代服务业合作区，全力打造现代服务业体制机制创新区、现代服务业发展聚集区、香港与内地紧密合作的先导区、珠三角地区产业升级的引领区，东莞正在建设珠江口东岸现代产业集聚区，培育东莞未来经济发展的增长极。珠江口西岸方面，主要加强与澳门的对接合作，特别是珠海、中山、佛山、江门等与澳门的合作与交流，在产业发展方面，佛山是珠江西岸先进装备制造业龙头城市，江门是珠江西岸先进装备制造产业基地，珠海是珠江西岸核心城市。

经济圈网络型 经济圈是区域发展的高级形式，指各个城市的经济社会呈现一体化发展态势，也就是城市群发展模式。自广州、佛山两市签订《同城化建设合作框架协议》及多项专项协议后，在产业协作、金融服务、交通建设等多个领域发挥积极的先行示范与辐射带动作用，在广佛同城效应影响下，规划建设"广佛肇""珠中江""深莞惠"三大经济圈，珠三角区域一体化深入推进，三大经济圈分别签署了合作框架协议和一系列专项协议，明确合作内容和建设重点，深莞惠经济圈以"十大对接"为切入点，在跨界流域综合整治、边界道路连接和建设上取得明显突破，珠中江经济圈推进通信同城化、饮用水同网，并打造重大基础设施建设的共同平台，广佛肇在规划对接、产业协作、科技创新、环境保护、旅游合作、交通运输（降低广佛肇间交通出行成本，打造一小时经济圈）、社会事务、区域合作等领域开展合作，并共建广佛肇经济合作区，致力打造成广州、佛山、肇庆三市优势互补、互利共赢、协同发展的合作示范区。

产业梯次转移型 根据梯度转移理论，新产品、新技术和新管理模式都是从高梯度地区开始，然后按顺序从高梯度地区向低梯度地区开始转移。根据珠三角地区产业结构实际，梯度划分为 3 个层次，珠三角内部的广州、深圳为高梯度地区，主要承担区域金融服务、创新示范等功能，广州重点打造国际航运中心、物流中心、贸易中心，深圳重点打造科技和产业创新中心、国际自主创新示范区。东莞、佛山、珠海、中山、惠州、江门、肇庆为珠三角内部的中梯度地区。粤东西北地区属于低梯度，2005 年广东出台《关于我省山区及东西两翼与珠江三角洲联手推进产业转移的意见（试行）》，2008 年，广东省委省政府出台了《关于推进产业转移和劳动力转移的决定》，有序推进珠三角向粤东西北地区的产业转移，中部经济带辐射方向为粤西、粤北地区，重点从佛山、顺德转入云浮、湛江、清远等地，珠江东岸由东莞、深圳等转入惠州、梅州、潮州、阳江、韶关等，珠江西岸由中山转入河源、阳江等地，产业转移的政策极大的促进了全省区域经济的协调发展。

除上述经济圈网络型、产业梯次转移型外，还有一些新型的发展模式，如以深圳、珠海为代表的特区试验型，国务院批复的珠海横琴开发有关政策中，同意横琴实行"比经济特区更加特殊的优惠政策"，明确赋予横琴"创新通关制度和措施""特殊的税收优惠"和"支持粤澳合作产业园发展"等具体优惠政策，使横琴成为"特区中的特区"，也是近年来国务院批复的开放程度最高、创新空间最广的区域开发政策之一。通过政策和管理模式的大胆创新，推动区域经济的快速发展。

4.1.2 城镇化发展特征

工业化和城镇化相辅相成，相互推动，珠三角地区是工业化和城镇化发展最早的地区，改革开放以来，随着珠三角地区经济的迅猛发展，吸引外来人口不断涌入，从而推动工业化的进程，也带动城镇化的迅速扩张，目前，珠三角城镇化率已相当于中等发达国家水平，进入城镇化发展的成熟阶段，而为与世界城市群比肩，珠三角亟须推动新型城镇化建设，推进"以人为本"的城镇化。

（1）人口集聚趋势仍然明显。与经济比重保持一致，珠三角地区对广东省内和其他省市外来人口仍具有较强的吸引力，较高的经济和社会发展水平及相对丰富的资源导致人口仍向超大城市、中心城市集聚。2000年，珠三角常住人口比重达到49%，而2015年，珠三角常住人口比重提升至54%，2015年，全省新增常住人口125万人，其中珠三角常住人口新增量即达到111万人，占据新增量的89%。从增长速度来看，"十二五"期间，常住人口迅猛增长的势头明显缓解，常住人口区域分布的基本格局没有改变，广州、深圳两个超大城市常住人口分别达到1 350万人和1 137万人，其次为佛山和东莞两个特大城市，分别为743万人和825万人。从人口密度来看，珠三角人口密度高达1 073人/km²，其中广州、佛山、东莞、中山4市人口密度继续高于北京和天津，深圳超过上海，成为全国人口密度最高的超大城市（图4-7）。人口密度分别为京津冀、长三角地区的2.1倍和1.3倍，与国际城市群相比，已超过日本京阪神城市群的 629 人/km² 和中京名古屋城市群的 552 人/km²。

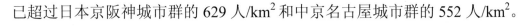

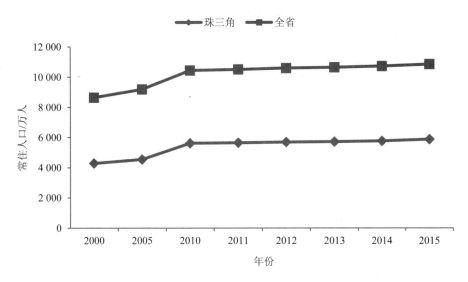

图 4-7　珠三角和广东全省常住人口演变趋势

（2）城镇化水平逐步提升。2015 年，珠三角城镇化率达到 84.6%，同期全省城镇化率仅为 68.7%，高出全省近 16 个百分点。按照发达国家的城市化发展进程，城市化进程大致分为 3 个阶段：第一个阶段为初期，城市化率 30%以下，城市化速度比较缓慢；第二个阶段为中期，城市化率在 30%～70%，城市化加快发展；第三个阶段为后期，城市化水平超过 70%，城市规模在达到 90%后趋于饱和。珠三角城镇化水平已迈入成熟阶段，且达到中等发达国家水平。从城镇化发展趋势来看，"十五"期间，珠三角城镇化发展较为迅速，约提升 5.7 个百分点，"十一五"时期，珠三角城镇化发展态势继续沿袭"十五"时期的发展，约提升 5.4 个百分点，进入"十二五"后，城镇化增长态势有所放缓，约提升 1.8 个百分点（图 4-8）。在国内来看，珠三角城镇化水平领先京津冀和长三角地区 22 个和 14 个百分点，在国际来看，日本的大东京地区、京阪神（京都、大阪、神户）城市群和中京名古屋城市群三大主要城市群城镇化率均超过 90%，珠三角地区尚存在差距。

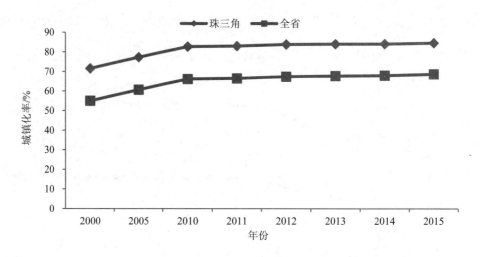

图 4-8　珠三角和广东全省城镇化率演变趋势

（3）新区建设模式不断涌现。2013 年 7 月，广东省委、省政府出台了《关于进一步促进粤东西北地区振兴发展的决定》，提出以交通基础设施建设、产业园区扩能增效、中心城区扩容提质为"三大抓手"，新区建设全面铺开，各个新区在建设过程中高度强调产城融合、规划先行、设施先行，新区引领城镇化的趋势正在形成（专栏 4-2）。

专栏 4-2　珠三角重点战略新区发展布局

广州南沙新区　2012 年 9 月，国务院正式批复《广州南沙新区发展规划》，南沙新区成为全国第 6 个国家级新区，规划面积达到 803 km^2，定位为粤港澳优质生活圈和新型城市化典范、以生产性服务业为主导的现代产业新高地、具有世界先进水平的综合服务枢纽、社会管理服务创新试验区、粤港澳全面合作示范区，规划到 2030 年，南沙新区在经济、社会、生态环境、国际化等方面基本达到 2010 年香港及其他国际先进城市水平，到 2050 年，南沙新区在经济、社会、生态环境、国际化等方面达到香港及其他国际先进城市水平。

深圳前海现代服务业合作区　2010 年 8 月，国务院批复同意《前海深港现代服务业合作区总体发展规划》，规划面积达到 18.04 km²，规划定位为全国现代服务业的重要基地、具有强大辐射能力的生产性服务业中心，规划到 2020 年，建成基础设施完备、国际一流的现代服务业合作区，具备适应现代服务业发展需要的体制机制和法律环境，形成结构合理、国际化程度高、辐射能力强的现代服务业体系，聚集一批具有世界影响力的现代服务业企业，成为亚太地区重要的生产性服务业中心，在全球现代服务业领域发挥重要作用，成为世界服务贸易重要基地。

珠海横琴新区　2009 年 8 月，国务院正式批准实施《横琴总体发展规划》，2009 年 12 月，"横琴新区"管委会正式挂牌成立。规划面积为 106.46 km²，定位为"一国两制"框架下探索粤港澳合作新模式的示范区、深化改革开放和科技创新的先行区、促进珠江口西岸地区产业升级的新平台，规划到 2020 年，第三产业增加值占地区生产总值的比重超过 75%，达到世界发达国家以服务业为主导的中心城市水平；高技术产业增加值占工业增加值的比重不低于 80%。

肇庆新区　规划面积达到 115 km²，规划定位为国家低碳绿色发展示范区、珠三角健康宜居理想城市、肇庆市行政文化中心，重点发展节能环保、休闲养生、文化创意等幸福导向型产业，规划到到 2020 年，城市和产业功能基本具备，主要基础设施和公共服务设施基本建成，面向大西南、对接珠三角的区域性枢纽地位基本确立，临港物流区初具规模。到 2030 年，经济社会实现大发展，建成珠三角连通大西南的重要交通节点，经济社会发展达到国内一流水平，作为肇庆市行政文化中心功能充分体现，建成珠三角优质生活圈示范区、国际休闲养生度假胜地和科学发展理想城市。

中山翠亨新区　规划面积达到 230 km²，规划定位为海内外华人共有精神家园探索区、珠三角转型升级重要引领区、岭南理想城市先行区、科学用海试验区，规划到 2020 年，新区具备规模，主体功能基本形成，城市基础设施基本完善；现代生活服务业、文化产业形成规模，金融业、时尚产业初步发展；英才培育区和文化交流区开发建设基本完成，中央商务区起步建设，生态建设和环境保护取得成效，城市风貌独具特色，初步成为珠江西岸理想城市，人口规模约 55 万人，城市建设用地规模约 60 km²，服务业占 GDP 比重为 60%，研发经费占 GDP 比重为 3.5%。到 2030 年，城市水平一流，新区发展成熟，建成经济持续发展、环境优美和谐、人文气息浓厚、社会和谐善治、人民生活幸福、海内外华人认知度高、国际影响广泛的现代化岭南滨海城市；人口规模约 85 万人，城市建设用地规模约 80 km^2，服务业占 GDP 比重为 70%，研发经费占 GDP 比重为 5%。

江门大广海湾经济区 规划面积达到 3 240 km^2，核心区面积约 520 km^2，核心区主要位于银湖湾和广海湾，起步区面积约 27.5 km^2。规划定位为把大广海湾经济区建设成为全省海洋经济发展的新引擎、珠三角实现大跨越发展的新增长极、珠三角辐射粤西及大西南的枢纽型节点、珠江西岸粤港澳合作重大平台、传承华侨文化的生态宜居湾区，规划到 2020 年，经济区产业主体功能基本形成；到 2030 年，基本建成核心区功能齐备、产业竞争力强、滨海特色鲜明的综合发展经济区。

惠州环大亚湾新区 规划面积达到 2 168 km^2，定位为世界级石化产业基地、广东陆海统筹综合发展试验区、珠三角辐射带动粤东粤北发展的增长极、港城融合生态湾区、城乡一体化发展示范区，遵循"石化为基、多元发展、高端为本、创新引领"的产业发展路径，规划到 2020 年，现代化生态湾区框架基本形成，成为新兴增长极，人口规模达到 200 万人左右，城镇建设用地规模达到 265 km^2，到 2030 年，开发建设模式成熟完善，港城融合的现代化生态湾区基本建成，人口规模达到 280 万人左右，城镇建设用地规模达到 280 km^2。

4.2 产业结构演变特征

4.2.1 产业结构特征

经历探索起飞阶段、快速提升阶段、调整转型阶段，珠三角产业向高端方向发展，立足现代服务业和先进制造业的双轮驱动，战略性新兴产业得到长足发展，现代产业新体系基本形成。

（1）三次产业形成"三二一"结构。2015 年，珠三角三次产业结构为
1.8∶43.6∶54.6，第三产业比重高于第二产业 11 个百分点，同期，全省第三
产业比重为 50.6%，珠三角高出全省 4 个百分点。从发展阶段来看，1990—
2000 年，珠三角产业结构呈现二三一的发展形态，第三产业和第二产业差距
呈现先扩大再缩小趋势，2000—2010 年，珠三角三次结构仍在不断调整，仍
然呈现二三一的发展态势，第三产业和第二产业的比重差距逐步缩小，进入
"十二五"后，产业结构调整成效显著，第二产业和第三产业之间的差距逐渐
扩大，三二一的发展形态日渐稳固。与京津冀、长三角相比，珠三角第三产
业比重高于长三角地区（53.8%），低于京津冀地区（56.1%），与国际城市群
相比，珠三角存在较大差距。

从珠三角产业发展历程来看，总体可分为 3 个发展阶段（劳忠腾，2011）。
1990—1993 年，珠三角处于推进农业经济向轻工业转变的发展时期，经济以
轻型、外向型为主，凭借政策、区位及体制创新等方面的优势，珠三角工业
发展得以快速提升，尤其是资源密集型和劳动密集型的轻工业发展较为迅猛，
其中，轻工业的发展又以食品加工、服装衣帽等日用消费品领域为重点，同
时，洗衣机、电冰箱等各种家用电器行业也得到快速发展，"珠江水、广东粮、
岭南衣、粤家电"即是当时产业发展的真实写照。

1994—2003 年，珠三角进入由轻纺向重化工业转变的发展时期，工业呈
现适度重型化特征。1994 年 10 月，广东提出"珠三角经济区"的概念，承
接产业转移的重点向资本密集型、技术密集型转变，家用电器、机械、建材、
石油化工、精细化工等行业发展较快，自此，珠三角地区迅速实现工业化，
逐步形成第二产业、第三产业推动经济增长的格局。

2004—2008 年，珠三角进入重工业主导时期，工业产业结构中重化现象
十分明显，工业重型化虽然对经济增长起到极大促进作用，但其带来的环境
污染和破坏也不容忽视。受土地、资源、环境等因素的制约，生产成本快速

上升，珠三角地区产业呈现转移倾向，珠三角部分劳动密集型的传统产业向省内、国内及东南亚地区等区域开始转移，三次产业结构也逐渐向"三二一"方向发展。

2008年至今，珠三角产业发展进入创新驱动阶段，2008年5月，省委省政府提出推进产业转移和劳动力双转移的决定，2008年7月，省委省府出台《关于加快建设现代产业体系的决定》，提出加快发展现代服务业和先进制造业，建设珠三角现代产业核心区，把珠三角建设为高新技术产业带和世界先进制造业基地，2008年12月，《珠三角改革发展规划纲要》出台，提出构建以现代服务业、先进制造业、高技术产业为主体的现代产业体系（图4-9）。"三二一"的产业发展阶段不再是昙花一现，服务业呈现从"传统服务业支撑"到"现代服务业拉动"的发展阶段。

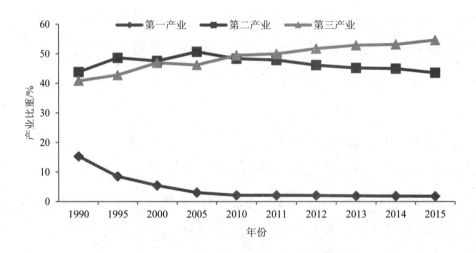

图4-9 珠三角三次产业结构演变趋势

（2）工业转型升级向高端化迈进。在"双转移"和"现代产业体系构建"等战略的实施下，珠三角地区产业转型升级成效明显，现代服务业和先进制造业双轮驱动效果明显，战略性新兴产业培育成效显著。2015年，珠三角先进制造业（装备制造业、钢铁冶炼及加工业、石油及化学行业）占规模以上工业增加值比重达到 53%，相比 2011 年提升 1.4 个百分点，高技术制造业（医药制造，航空、航天器及设备制造，电子及通信设备制造，计算机及办公设备制造，医疗仪器设备及仪器仪表制造，信息化学品制造）占规模以上工业增加值比重达到 30.1%，相比 2011 年提升 4.5 个百分点（图 4-10）。新一代移动通信设备、新型平板显示、新能源等战略性新兴产业蓬勃发展，战略性新兴产业占规模以上工业比重为 22.2%，比 2012 年提高 9.6 个百分点。

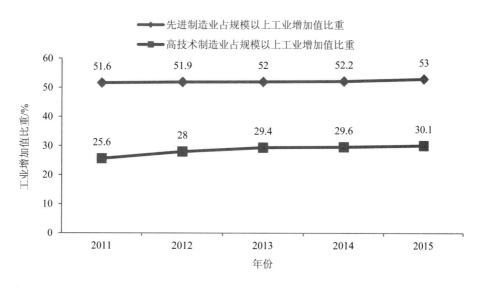

图 4-10　珠三角现代产业比重演变趋势

（3）产业分工协作格局逐步稳固。改革开放后，由于香港劳动密集型加工制造产业向珠三角大规模的转移，迅速带动珠三角的城市化和工业化，珠三角城市内部并未形成紧密的联系，各城市对产业发展基础设施、信息平台、技术平台的需求导致珠三角内部产业结构雷同现象较为突出，多中心竞逐模式愈演愈烈（张紧跟，2008）。随着珠三角改革发展规划纲要、珠三角 5 个一体化规划、珠三角城镇群协调发展规划等的出台，区域内部整合趋势得到增强，分工协作、优势互补、错位发展的格局正在形成。

2015 年，深圳先进制造业增加值占规模以上工业比重达到 73.4%，其次为惠州（62.2%）和广州（56.5%）；深圳高技术制造业增加值占规模以上工业比重达到63.1%，其次为惠州（40.5%）和东莞（33.3%）。深圳、惠州、东莞均位于珠江口东岸，属于"深莞惠"经济圈，主导产业以计算机、通信和其他电子设备制造业为主，打造全球电子信息产业基地；珠海、佛山、中山主导产业以电气机械和器材制造业为主，广州以汽车制造业为主，珠三角外围的江门、肇庆经济发展相对滞后，高技术制造业比重较低，分别以化学原料和化学制品制造业、金属制品业等资源、劳动密集型产业为主（表4-1）。

表4-1　珠三角主导产业发展现状

地区	先进制造业增加值占规模以上工业比重/%	高技术制造业增加值占规模以上工业比重/%	主导产业（工业增加值前三名）
珠三角	53.0	30.1	计算机、通信和其他电子设备制造业；电气机械和器材制造业；电力、热力生产和供应
广州	56.5	12.5	汽车制造业；化学原料和化学制品制造业；计算机、通信和其他电子设备制造业
深圳	73.4	63.1	计算机、通信和其他电子设备制造业；电气机械和器材制造业；石油和天然气开采业
珠海	45.2	28.8	电气机械和器材制造业；计算机、通信和其他电子设备制造业；电力、热力生产和供应
佛山	33.3	7.5	电气机械和器材制造业；非金属矿物制品业；金属制品业
惠州	62.2	40.5	计算机、通信和其他电子设备制造业；石油加工、炼焦和核燃料加工业；电力、热力生产和供应业
东莞	46.3	33.3	计算机、通信和其他电子设备制造业；电气机械和器材制造业；电力、热力生产和供应业
中山	36.9	17.6	电气机械和器材制造业；计算机、通信和其他电子设备制造业；食品制造业
江门	41.9	7.0	化学原料和化学制品制造业；电力、热力生产和供应业；金属制品业
肇庆	33.7	8.6	金属制品业；非金属矿物制品业；有色金属冶炼和压延加工业

4.2.2 发展阶段判断

参照陈佳贵等的工业化进程判断方法，采用人均 GDP、三次产业结构、城镇化率、第一产业就业人员占比 4 个指标来判断城市工业化发展阶段。工业化进程的推进是一个地区经济发展和现代化进程的推进，表现为人均收入的不断增长以及经济结构从农业主导向工业主导发生转变。

表 4-2　工业化不同阶段的标志值（陈佳贵，2007）

基本指标	前工业化阶段	工业化实现阶段			后工业化阶段	
		工业化初期	工业化中期	工业化后期	发达经济初级阶段	发达经济高级阶段
人均 GDP（2005年不变，美元）	745～1 490	1 490～2 980	2 980～5 960	5 960～11 170	11 170～17 890	17 890～26 830
三大产业产值结构（产业结构）	A＞I	A＞20%且 A＜I	A＜20%I＞S	A＜10%I＞S	A＜10%I＜S	
第一产业就业人员占比（就业结构）	60%以上	45%～60%	30%～45%	10%～30%	10%以下	
人口城市化率（空间结构）	30%以下	30%～50%	50%～60%	60%～75%	75%以上	

注：A 代表第一产业；I 代表第二产业；S 代表第三产业。

根据工业化发展进程研判，2015 年，珠三角人均 GDP 指标、三次产业结构、人口城市化率、第一产业就业占比 4 项指标均处于后工业化阶段，整体迈入发达经济初级阶段。分城市来看，深圳工业化水平最高，4 项指标均达到发达经济高级阶段标准；其次为广州，步入发达经济初级阶段，主要是人均 GDP 水平暂未达到发达经济高级阶段标准；再次为珠海、佛山、东莞、中山，处于工业化后期后半段，除东莞外，其余 3 个城市仍呈现较明显的二产为主的产业结构特征，江门处于工业化中期后半段，主要是第一产业人员就业占比仍达到 32.5%，肇庆处于工业化中期前半段，工业化水平较低。

表 4-3　珠三角各市工业化阶段综合判断

区域	人均 GDP（2005年不变美元）	三次产业结构	人口城市化率/%	第一产业就业占比/%	综合判断
珠三角	13 063	1.8∶43.6∶54.6	84.6	9.0	步入发达经济初级阶段
广州	16 625	1.3∶31.6∶67.1	85.5	7.8	发达经济初级阶段
深圳	19 285	0.0∶41.2∶58.8	100.0	0.0	步入发达经济高级阶段
珠海	15 223	2.2∶49.7∶48.1	88.1	6.7	工业化后期后半段
佛山	13 220	1.7∶60.5∶37.8	94.9	4.9	工业化后期后半段
惠州	8 085	4.8∶55.0∶40.2	68.1	17.8	工业化后期前半段
东莞	9 230	0.3∶46.6∶53.1	88.8	0.9	工业化后期后半段
中山	11 478	2.2∶54.3∶43.5	88.1	4.7	工业化后期后半段
江门	6 056	7.8∶48.4∶43.8	64.8	32.5	工业化中期后半段
肇庆	5 941	14.6∶50.3∶35.1	45.2	51.3	工业化中期前半段

4.3　资源能源利用评价

4.3.1　资源开发现状

（1）土地开发强度较大。根据深圳市规划国土发展研究中心编制的《珠三角土地节约集约利用和开发强度控制》报告，深圳、东莞两市建设用地开发强度已接近 50%，根据国际惯例，一个地区国土开发强度的警戒线为 30%，若超过此强度，将影响人类生存环境。从珠三角各城市发展现状来看，深圳、东莞、佛山、中山 4 个城市均超过 30% 的开发强度警戒线，而广州、珠海也在逼近该强度。目前，国土资源节约集约利用被提上新高度，通过盘活存量、活化利用和矿产资源开发利用绿色化等一系列举措，促进国土资源节约集约。2016 年 10 月，国土资源部、国家发展改革委发布《关于落实"十三五"单位国内生产总值建设用地使用面积下降目标的指导意见》，对广东省提出单位国内生产总值建设用地在"十三五"期间下降22%的目标，实施增量约束和存量挖潜迫在眉睫（图4-11）。

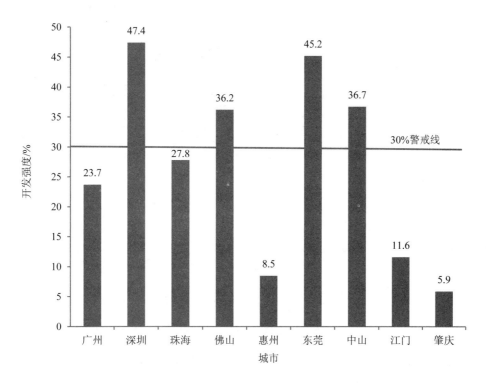

图 4-11　珠三角各市建设用地开发强度（深圳市规划国土发展研究中心，2015）

（2）用水效率提升明显。"十二五"期间，广东省出台《广东省最严格水资源管理制度实施方案》，并印发《广东省实行最严格水资源管理制度考核暂行办法》，对各地级市实行用水总量和用水效率控制，节水成效明显。

从各城市单位 GDP 水耗现状来看，2015 年，深圳水耗为珠三角最低，仅为 11 t/万元，江门水耗最高，为 124 t/万元，从水耗变化趋势来看，各城市水耗下降均较明显，其中下降最快的为肇庆市，由 2005 年的 536 t/万元下降为 2015 年的 104 t/万元（表 4-4）。

表 4-4　珠三角各市单位 GDP 水耗变化趋势

城市 \ 指标 \ 年份	单位 GDP 水耗/（t/万元）			单位 GDP 水耗变化趋势/%	
	2005	2010	2015	2010 比 2005	2015 比 2010
广州	172	70	37	−59.3	−47.1
深圳	36	20	11	−44.4	−45.0
珠海	103	40	25	−61.2	−37.5
佛山	149	69	42	−53.7	−39.1
惠州	281	126	66	−55.2	−47.6
东莞	97	50	30	−48.5	−40.0
中山	193	106	53	−45.1	−50.0
江门	390	193	124	−50.5	−35.8
肇庆	536	186	104	−65.3	−44.1

从各城市单位工业增加值水耗现状来看，2015 年，深圳水耗为珠三角最低，仅为 8 t/万元，广州水耗最高，为 73 t/万元，从单位工业增加值水耗变化趋势来看，各城市水耗下降均较明显，其中下降最快的为肇庆市，由 2005 年的 372 t/万元下降为 2015 年的 34 t/万元（表 4-5）。

表 4-5　珠三角各市单位工业增加值水耗变化趋势

城市 \ 指标 \ 年份	单位工业增加值水耗/（t/万元）			单位工业增加值水耗变化趋势/%	
	2005	2010	2015	2010 比 2005	2015 比 2010
广州	274	129	73	−52.9	−43.4
深圳	25	14	8	−44.0	−42.9
珠海	48	27	16	−43.8	−40.7
佛山	129	50	29	−61.2	−42.0
惠州	102	60	30	−41.2	−50.0
东莞	90	47	28	−47.8	−40.4
中山	157	93	45	−40.8	−51.6
江门	225	73	39	−67.6	−46.6
肇庆	372	86	34	−76.9	−60.5

4.3.2 能源利用现状

近年来，珠三角各市大力推进节能减排工作，实施创建绿色工厂、实施绿色清洁生产、能源管理中心提质扩面、节能技术改造、工业能效对标等行动，各市单位 GDP 能耗大幅度下降。2015 年，深圳单位 GDP 能耗（以标煤计）达到最低，仅为 0.4 t/万元，肇庆单位 GDP 能耗（以标煤计）为 0.57 t/万元，为 9 个城市中最高。从下降幅度来看，"十二五"期间单位 GDP 能耗的下降趋势均好于"十一五"期间，显示珠三角"十二五"期间节能减排工作不断收严。佛山单位 GDP 能耗改善最为显著，"十一五"和"十二五"合计下降 53.4%，其次为广州（49.1%）和东莞（48.1%）。随着珠三角煤炭消费减量政策的持续推进，珠三角单位 GDP 能耗还将进一步降低（表 4-6）。

表 4-6 珠三角各市单位 GDP 能耗变化趋势

指标\年份\城市	单位 GDP 能耗（标煤）/（t/万元）			单位 GDP 能耗变化趋势/%	
	2005	2010	2015	2010 比 2005	2015 比 2010
广州	0.78	0.62	0.44	−20.4	−28.7
深圳	0.59	0.51	0.40	−13.1	−22.9
珠海	0.66	0.56	0.42	−15.2	−24.2
佛山	0.89	0.66	0.48	−25.4	−28.0
惠州	0.86	0.89	0.67	3.7	−25.0
东莞	0.86	0.69	0.49	−19.7	−28.4
中山	0.78	0.64	0.48	−18.5	−25.3
江门	0.87	0.72	0.53	−17.8	−25.7
肇庆	0.99	0.82	0.57	−16.9	−31.2

注：2005—2010 年能耗计算以 2005 年为可比价，2015 年能耗计算以 2010 年为可比价。

4.4 环境污染排放分析

4.4.1 总量变化特征

2010 年后，农业源和机动车等纳入总量控制领域，环境污染排放基数发生调整，因而仅对"十二五"期间珠三角污染排放变化趋势展开分析。

从水污染物排放总量来看，2010—2015 年，珠三角 COD 排放总量由 104.56 万 t 下降为 80.25 万 t，减排比例达到 23.2%，氨氮排放总量由 13.46 万 t 下降为 10.75 万 t，减排比例达到 20.1%。从珠三角排放总量占全省的比重来看，2010 年，珠三角 COD 排放总量占全省比重为 54%，2015 年下降为 50%，下降 4 个百分点，氨氮排放总量 2010 年占全省比重达到 57%，2015 年，该比重下降为 54%。从减排比例来看，"十二五"期间，全省 COD 减排比例为 16.8%，氨氮减排比例达到 15.1%，珠三角减排比例高于全省，对全省污染物减排贡献较大（图 4-12）。

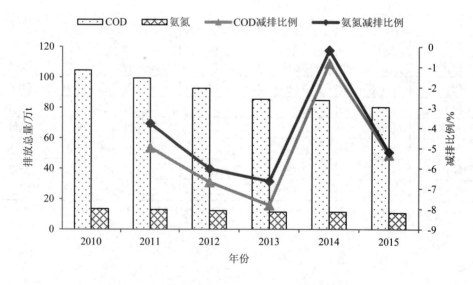

图 4-12　珠三角水污染物排放总量变化趋势

从大气污染物排放总量来看，2010—2015 年，珠三角二氧化硫排放总量由 51.07 万 t 下降为 37.38 万 t，减排比例达到 26.8%，氮氧化物排放总量由 87.94 万 t 下降为 62.68 万 t，减排比例达到 28.7%。从珠三角排放总量占全省的比重来看，2010 年，珠三角二氧化硫排放总量占全省比重为 61%，2015 年下降为 55%，下降 6 个百分点，氮氧化物排放总量 2010 年占全省比重达到 66%，2015 年，该比重下降为 63%。从减排比例来看，"十二五"期间，全省二氧化硫减排比例为 19.2%，氮氧化物减排比例达到 24.7%，珠三角减排比例高于全省，对全省污染物减排贡献较大。从 4 种污染物来看，珠三角氮氧化物减排效果最为显著，其次为二氧化硫（图 4-13）。

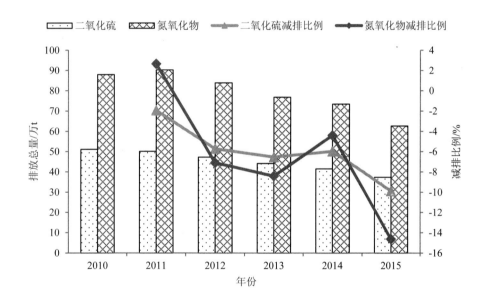

图 4-13　珠三角大气污染物排放总量变化趋势

4.4.2　强度变化特征

（1）珠三角排放强度下降趋势明显。从水污染物排放强度来看，2010—2015 年，珠三角 COD 排放强度由 2.76 kg/万元下降为 1.29 kg/万元，下降比例达到 53.3%，氨氮排放强度由 0.36 kg/万元下降为 0.17 kg/万元，下降比例达到 51.4%。同期，全省 COD 排放强度由 4.20 kg/万元下降为 2.20 kg/万元，下降比例达到 47.4%，氨氮排放强度由 0.51 kg/万元下降为 0.27 kg/万元，下降比例达到 46.3%，珠三角水污染物排放强度下降趋势优于全省（图 4-14）。

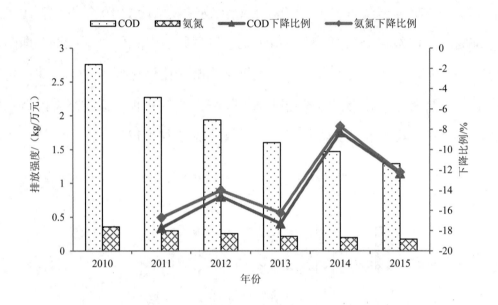

图 4-14　珠三角水污染物排放强度变化趋势

从大气污染物排放强度来看，2010—2015 年，珠三角二氧化硫排放强度由 1.35 kg/万元下降为 0.60 kg/万元，下降比例达到 55.5%，氮氧化物排放强度由 2.32 kg/万元下降为 1.00 kg/万元，下降比例达到 56.6%。同期，全省二氧化硫排放强度由 1.82 kg/万元下降为 0.93 kg/万元，下降比例达到 48.8%，氮氧化物排放强度由 2.87 kg/万元下降为 1.37 kg/万元，下降比例达到 52.4%，珠三角大气污染物排放强度下降趋势优于全省（图 4-15）。

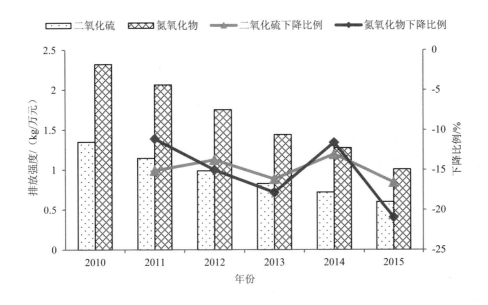

图 4-15　珠三角大气污染物排放强度变化趋势

（2）珠三角排放绩效总体优于国内经济发达区域。与江苏、浙江、山东等国内发达经济区域相比，珠三角排放强度处于较优水平，COD 排放强度达到 1.2 kg/万元，为全国水平的 39%，优于江苏（1.5 kg/万元）、浙江（1.6 kg/万元）。氨氮排放强度达到 0.17 kg/万元，为全国平均水平的 51%，优于江苏（0.2 kg/万元）和浙江（0.23 kg/万元）。二氧化硫排放强度达到 0.6 kg/万元，为全国平均水平的 21%，优于江苏（1.2 kg/万元）和浙江（1.3 kg/万元），氮氧化物排放强度达到 1.0 kg/万元，为全国平均水平的 36%，优于江苏和（1.5 kg/万元）和浙江（1.4 kg/万元），总体而言，珠三角大气污染排放强度远远好于国内经济发达区域（图 4-16），珠三角空气质量标杆的树立即是对大气污染物减排效果的呈现。

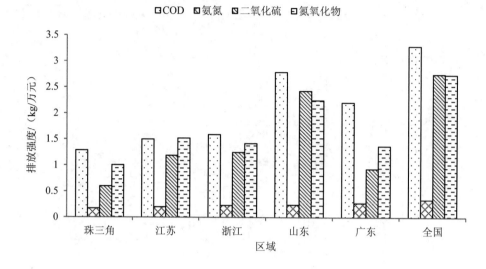

图 4-16　珠三角污染物排放强度与经济发达区域对比

4.4.3　环境经济耦合分析

对珠三角单位 GDP 能耗、单位 GDP 水耗、污染排放总量与人均 GDP 之间的关系进行分析，珠三角通过大力实施产业结构优化调整、工业企业转型升级等战略措施，积极构建高质高新产业体系，部分地市已经率先走出一条环境与经济双赢的发展道路。

（1）高收入、高效率的发展方式正在形成。从单位 GDP 水耗来看，以全省平均水平为分界线，深圳、广州、珠海、佛山、中山、东莞均落在高收入、高效率的象限区间，上述城市在实现人均收入高水平增长的同时，单位 GDP 水资源利用效率也得到不同程度的改善（图 4-17），惠州接近该象限区间，但江门、肇庆发展水平在全省处于中游，尚待提升。

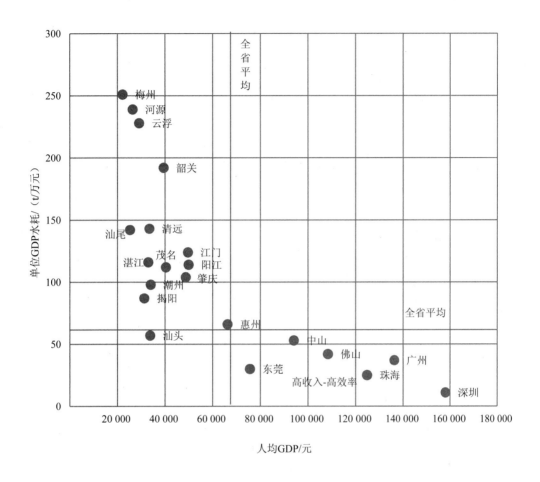

图 4-17 珠三角人均 GDP 与水耗关系分析

从单位 GDP 能耗来看，以全省平均水平为分界线，深圳、广州、珠海、佛山完全落入高收入、高效率的象限区间，上述城市在实现人均收入高水平增长的同时，单位 GDP 能源利用效率也得到不同程度的改善，中山、东莞接近该象限区间，但惠州、江门、肇庆发展水平在全省处于中游，尚待提升。与水耗相比，能耗的发展趋势较不明显，出现高收入、高效率特征的城市也较少，显示珠三角能源消费控制任务仍然较为艰巨，经济发展与能源消费之间仍呈现一定的依赖性，能源仍将呈现高位发展态势（图 4-18）。

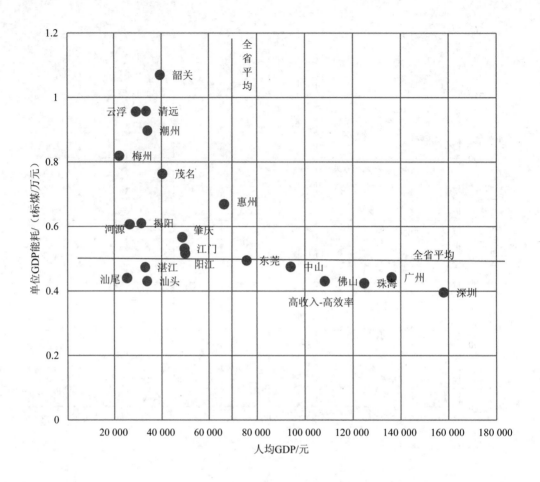

图 4-18　珠三角人均 GDP 与能耗关系分析

（2）污染排放。环境库兹涅茨曲线是指环境与经济增长会从互为掣肘的矛盾方逐步过渡到互相促进的协同方，反映在曲线上呈现倒"U"形形态，即当一个国家收入水平较低时，随着人均收入增加，环境恶化程度不断加剧；而当经济发展到一定水平，到达某个临界点或称"拐点"以后，随着人均收入的进一步增加，环境污染程度逐渐减缓，环境质量逐渐得到改善（唐绍祥，2015）。

发达国家经验表明，出现环境拐点的人均收入区间在 5 000～8 000 美元（1990 年不变价），2015 年珠三角人均 GDP 达到 107 011 元，换算成 1990 年不变价为 5 622 美元，根据发达国家经验判断，大致迈入环境污染排放的拐点区间，污染规模仍将强化一段时间，才能跨过拐点。

从水污染物排放趋势来看，2010 年以前，COD、氨氮排放均呈现"U"形发展形态，随着人均 GDP 的增长，水污染排放呈现先下降后上升的趋势，进入 2010 年以后，由于环境统计口径发生变化（农业源纳入核算体系），COD 和氨氮排放总量急剧增加，总体仍处在倒"N"形[①]曲线的波峰侧，表明污染的规模效应仍将强化。

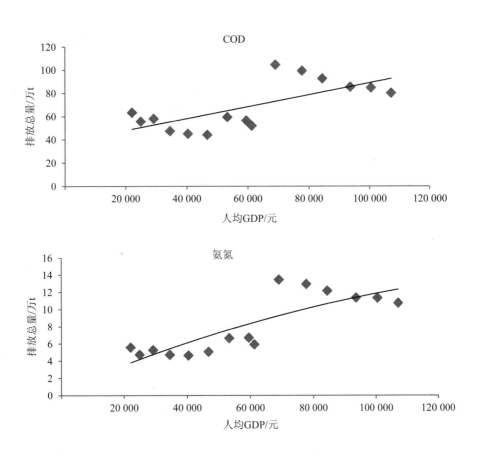

图 4-19　珠三角水污染物排放与人均 GDP 的曲线关系

---

① 倒"N"形曲线为库兹涅茨曲线的另一种呈现特征。

从大气污染物排放趋势来看，二氧化硫和氮氧化物均随着人均 GDP 的增长不断下降，二氧化硫排放量在 2003 年达到峰值（76.8 万 t），而氮氧化物排放量在 2008 年达到峰值（107.7 万 t），跨过拐点之后，两种大气污染物呈现平缓的下降趋势。从水污染物和大气污染物排放分析来看，大气污染物排放相对早的跨越拐点，与实际情况较为一致，近年来，珠三角城市群空气质量在三大城市群中率先达标，呈现较好的协调发展态势，而水污染方面，全省合计 242 个黑臭水体，珠三角黑臭水体即达到 153 个，占据全省 63%左右，水环境质量改善任务仍然艰巨。

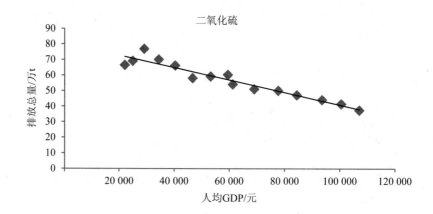

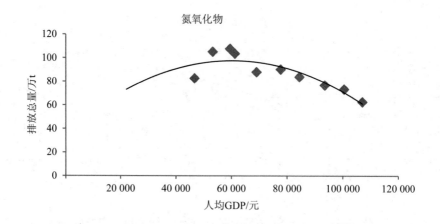

图 4-20　珠三角大气污染物排放与人均 GDP 的曲线关系

4.5 区域发展特征总结

经历 30 多年的快速发展,珠三角在经济社会发展、产业结构转型、资源能源集约利用及污染排放控制等领域均取得显著成就。在经济社会发展方面,珠三角占据规模和速度优势,是广东省发展的龙头所在,珠三角迈入创新驱动的新兴产业发展阶段,尤其是 2015 年 9 月,珠三角国家自主创新示范区获得国务院批复,珠三角正在向开放创新先行区、转型升级引领区、协同创新示范区、创新创业生态区的战略目标迈进。在产业结构转型方面,经历轻型、外向经济、重化工业阶段、双轮驱动阶段、创新驱动阶段的延伸和发展,珠三角三二一的产业发展形态趋向稳固,由现代服务业、先进制造业、战略性新兴产业为主体的新兴产业发展模式日趋成熟。在资源能源利用方面,通过采取一系列节能节水措施,珠三角资源能源利用效率得到长足改善,部分发达城市如深圳,单位 GDP 能耗处于全国第一低位,得益于产业结构的优化调整,资源能源利用水平也随之提升,呈现相辅相成的良好发展局面。在污染排放控制方面,珠三角先行先试,严格落实珠三角地区原则上不再新建、扩建燃煤燃油电厂的要求,执行国家排放标准水污染物、大气污染物特别排放限值,实行煤炭消费总量控制试点等,污染排放总量和强度均得到显著的削减,排放绩效高于国内经济发达区域,成为环境质量改善和经济协调发展的典型。

新时期,国家对珠三角提出更高的发展期望,"一带一路"战略提出"充分发挥深圳前海、广州南沙、珠海横琴等开放合作区作用",提出加强广州、深圳等沿海城市港口建设,定位为 21 世纪海上丝绸之路建设的排头兵和主力军,粤港澳合作区被写入两会政府工作报告,正式上升为国家战略,珠三角将携手港澳地区积极建设世界级城市群。然而与世界级城市群相比,珠三角在人均 GDP、城镇化率、第三产业发展、单位 GDP 能耗、$PM_{2.5}$ 浓度等多项指标均存在差距；随着经济快速发展，资源环境约束逐步趋紧，建设用地快速扩张，部分城市土地开发强度超出警戒线，单位土地面积污染负荷较高；大气复合污染趋势愈演愈烈，臭氧等新型污染物控制策略滞后，污染扩散形势较为严峻；区域供排水格局不合理，城市黑臭水体问题较为突出，劣五类水体"久治不愈、积重难返"，难以满足公众期待；面对上述挑战，珠三角亟须以绿色发展战略为引领，牢牢把握机遇，坚持全域统筹，补齐发展短板，建设具有综合竞争力的世界级城市群。

第 5 章
城市绿色发展评价体系设计

　　绿色发展是既要绿色，又要发展，是要实现经济发展与环境保护的协调。绿色发展评价体系的构建，对评估城市绿色发展现状、测度城市绿色发展水平、引导城市绿色发展具有重要意义。绿色发展评价体系要与城市发展阶段相适应，要体现城市环境问题和战略任务，而绿色发展又是一项长期性工作，需要开展动态性的跟踪，从而科学规划绿色发展。根据绿色发展的理论内涵，糅合绿色发展多指标测度体系与绿色发展综合指数的相关研究，设计城市绿色发展评价体系，从而推进城市的绿色发展进程。

5.1　绿色发展指数

　　开展绿色发展评价指标体系的研究，对于城市绿色发展状况进行评价，是制定城市绿色发展战略措施，推进城市绿色发展的基础性工作。正确评估各城市绿色发展水平，可以帮助各城市更好地识别在推进绿色发展的过程中存在的短板与不足，从而发现问题、解决问题，同时，也可树立城市绿色发展的示范与典型，更好地推动区域绿色发展。

本书在构建绿色发展指数的理论框架时，主要参考了胡鞍钢（2012）、王玲玲（2012）、车秀珍（2014）、张梦（2016）等的理论研究。

胡鞍钢（2012） 认为绿色发展的理论前提是经济系统、自然系统和社会系统的共生性，以此为基础构建绿色发展的三圈模型，而三大系统的共生性形成了以绿色增长、绿色财富和绿色福利之间的耦合关系。绿色增长包括经济活动与能源、资源的消耗脱钩；促进绿色财富的累积和绿色福利的提升等。绿色财富包括自然资本、实体资本、人力资本、社会资本等。绿色福利不仅包括人类生活的安全性福利和适宜性福利，也包括可持续性福利等。

王玲玲（2012） 认为绿色发展是一个系统，内涵着绿色环境发展、绿色经济发展、绿色政治发展、绿色文化发展等既相互独立又相互依存、相互作用的诸多子系统。其中，绿色环境发展是绿色发展的自然前提；绿色经济发展是绿色发展的物质基础；绿色政治发展是绿色发展的制度保障；绿色文化发展是绿色发展内在的精神资源。绿色经济发展对其他的发展起着制约和决定的作用，绿色政治发展能够有效地保证绿色经济健康有序地向前发展。

车秀珍（2014） 认为绿色发展是一个复合性的概念，是绿色经济、绿色新政、绿色人居环境等一系列概念的统称。绿色发展应建立在"资源能源合理利用、经济社会适度发展、损害补偿互相平衡、人与自然和谐相处"的基础上，绿色发展不仅强调生态环境与经济发展的协同增效，更强调以生态环境作为经济增长的新资本和新动力，是颠覆传统的环境与经济对立观念的一种全新发展模式。

张梦（2016） 认为绿色城市的内涵可以概括为：兼具繁荣的绿色经济和绿色的人居环境两大特征的城市发展形态和模式。繁荣的绿色经济包括具备绿色的生产和消费方式、具备高效的废弃物回收利用和处理体系、具备更多的绿色发展机遇，而绿色的人居环境包括良好的环境质量、充足可达的绿色公共空间及健康稳定的区域生态环境。繁荣的绿色经济和绿色的人居环境

之间存在相互支撑、相互促进的关系。繁荣的绿色经济有助于减轻城市社会经济发展对环境的负面影响，是绿色人居环境的基础和保障；而绿色的人居环境有助于提升城市竞争力，促进技术、资本和人才的聚集，为城市社会经济发展提供源源不断的动力。此外，积极的绿色政策是推动城市向更绿色模式转变的驱动力，是绿色城市应该具备的基本特征。

综合上述相关研究对绿色发展内涵的界定，同时结合城市绿色发展的阶段特征，本研究将绿色发展的内涵概括为：合理的绿色空间、发达的绿色经济、优美的绿色环境、繁荣的绿色人文、完善的绿色制度 5 个方面。

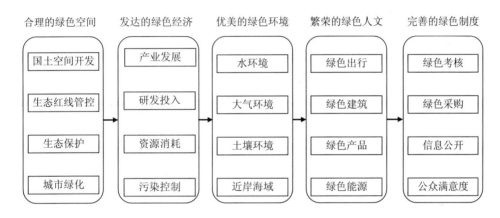

图 5-1　城市绿色发展概念框架

合理的绿色空间是指树立空间均衡的理念，建立科学合理的国土空间开发保护格局，促进国土空间高效、协调。首先要保障城市绿色公共空间，如加强城市绿化、推进城市公园建设等，打造城市生态系统，发挥城市景观作用；其次要严格管控国土空间，强化生态保护红线管控，加强自然保护区建设，强化湿地、自然岸线保护，切实维护生态安全。

发达的绿色经济是指加快推动工业绿色化发展，推动高消耗、高污染、高排放行业转型升级，着力构建以低消耗、低污染、低排放为特征的环境友好型产业体系。一方面，经济要环保，通过加强节能降耗，提高污染治理水平等措施来形成绿色化的生产方式；另一方面，环保要经济，通过加大研发投入、鼓励绿色新兴产业发展等实现经济与环保的协调。

优美的绿色环境是指树立以环境质量为核心的管理体系，通过加大污染治理力度，构建天蓝、地绿、水净的优质生态环境。良好的生态环境是发展的前提和基础，同时也是公众的迫切需求，只有实现绿色发展，保障稳定良好的绿色环境才有可能。在水环境方面，主要包括保障安全优质的饮用水水源、构建区域绿色生态水网等；在大气环境方面，主要包括实现空气质量稳定达标等；在土壤环境方面，主要包括实现土壤的安全利用等。

繁荣的绿色人文是指通过树立生态价值理念，倡导绿色生活方式，弘扬人与自然和谐的生态文化，广泛开展宣传教育，从而在全社会形成促进绿色发展的良好氛围。绿色发展理念的普及有利于培养公众的环保意识、生态意识等，从而将理论上升到实践层面，如购买绿色产品、使用新能源汽车、积极推进绿色出行等，形成绿色化的生活方式。

完善的绿色制度是指通过健全绿色发展的激励、约束、监管、问责等制度体系，强化价格、产权、交易等市场体系，从而奠定绿色发展的良好制度基础。如通过清洁生产审核等创造产业发展的绿色环境，通过完善信息公开制度等实现公众对环境改善、环境管理的有效监督，通过完善绿色发展考核实现对城市绿色发展的激励和推动。

综合来看，绿色空间、绿色经济、绿色环境、绿色人文、绿色制度 5 个方面是互相联系、互相作用的，而城市绿色发展水平受各方面共同影响，不同因素构成绿色发展的理念内涵。

5.2 指标设计原则

开展城市绿色发展指标体系的构建是为了更客观地反映城市绿色发展的

水平，识别城市绿色发展的不足，指标体系的构建既要遵循一般性等原则，也要突出典型性和代表性。主要原则如下：

（1）系统性原则。绿色发展指数的理论内涵丰富，由合理的绿色空间、发达的绿色经济、优美的绿色环境、繁荣的绿色人文、完善的绿色制度 5 个方面构成，因而在选取指标时要从 5 个方面出发，选取能够涵盖各个维度全貌、反映各个维度特征的指标，从而完整地反映区域绿色发展的状况。

（2）数据可得性原则。绿色发展指标体系需要实现对各个城市的绿色发展水平的评估并进行横向比较，因而需要保证指标内容的可比性。在设计指标体系时，需要保证指标容易获取或者易于测算，尽量来源于相关统计年鉴、公开发布的年报等，从而使得绿色发展的评价易于操作。

（3）代表性原则。城市绿色发展指标体系是各个要素集成的结果，既要避免指标体系过于庞杂、指标数目过多而掩盖指标体系的特征，同时也要避免指标体系选取过于单一而影响评价的实践与指导价值。在评价指标的选取时，要尽可能与各维度涵盖内容直接相关，选取关键性和代表性的指标，摒弃一般性的指标，同时还要实现既能反应当前水平，又能包含未来趋势，实现动态性的监测。

（4）引导性与前瞻性结合原则。指标体系构建的目的是实现绿色发展水平的评价，识别城市绿色发展的不足，从而扬长补短。作为评价的工具，不仅在于描述发展现状，更要引导政府制定绿色发展战略与措施，同时还要涵盖绿色发展趋势，所以指标选取需要突出引导性和前瞻性。

（5）客观性与主观性结合原则。在指标体系的构建时，由于选取的指标、测算的方法的限制，使得评价结果受统计数据的影响较大，为全面准确地反映绿色发展的现状，应同时选取主观性指标，避免最终的评价结果与实际情况脱节，实现主观与客观相结合。

5.3 指标体系构建

根据上述原则及本研究对城市绿色发展概念和内涵的理解，本研究构建了一个包含 5 个一级指标 46 个二级指标的指标体系（表 5-1）。其中一级指标包括绿色空间指数、绿色经济指数、绿色环境指数、绿色人文指数和绿色制度指数。二级指标包含生态保护、产业发展、环境治理、资源消耗、人文培育、制度建设等方方面面，力求全面完整地反映城市绿色发展水平。

表 5-1　城市绿色发展指数指标体系构建

一级指标	序号	二级指标	权重/%
绿色空间指数（权数=15.2%）	1	国土空间开发强度（%）	2.17
	2	生态保护红线区域占国土面积比例（%）	2.17
	3	城市人均公园绿地面积（m²）	2.17
	4	自然岸线保有率（%）	2.17
	5	自然保护区陆域面积占比（%）	2.17
	6	湿地保护率（%）	2.17
	7	城市建成区绿化覆盖率（%）	2.17
绿色经济指数（权数=32.6%）	8	人均GDP（万元）	2.17
	9	第三产业增加值占GDP比重（%）	2.17
	10	先进制造业增加值占规模以上工业增加值比重（%）	2.17
	11	高技术制造业增加值占规模以上工业增加值比重（%）	2.17
	12	战略性新兴产业增加值占GDP比重（%）	2.17
	13	研究与试验发展经费支出占GDP比重（%）	2.17
	14	非化石能源占能源消费总量比重（%）	2.17
	15	单位GDP能耗（t标煤/万元）	2.17
	16	单位GDP水耗（m³/万元）	2.17
	17	单位GDP建设用地使用面积（km²/亿元）	2.17
	18	单位GDP化学需氧量排放量（kg/万元）	2.17
	19	单位GDP氨氮排放量（kg/万元）	2.17
	20	单位GDP二氧化硫排放量（kg/万元）	2.17
	21	单位GDP氮氧化物排放量（kg/万元）	2.17
	22	环境污染治理投资占GDP比重（%）	2.17

一级指标	序号	二级指标	权重/%
绿色环境指数 （权数=19.6%）	23	城市空气质量优良天数比例（%）	2.17
	24	PM$_{2.5}$年均浓度（μg/m^3）	2.17
	25	城市集中式饮用水水源优质比例（%）	2.17
	26	地表水达到或好于III类水体断面比例（%）	2.17
	27	地表水劣V类水体断面比例（%）	2.17
	28	城市建成区黑臭水体比例（%）	2.17
	29	近岸海域水质优良（一、二类）比例（%）	2.17
	30	受污染耕地安全利用率（%）	2.17
	31	受污染地块安全利用率（%）	2.17
绿色人文指数 （权数=15.2%）	32	公共机构人均综合能耗（标煤）（kg）	2.17
	33	绿色产品市场占有率（%）	2.17
	34	新能源汽车保有量增长率（%）	2.17
	35	城市交通绿色出行分担率（%）	2.17
	36	城镇新建民用建筑中的绿色建筑比重（%）	2.17
	37	生态文明知识普及率（%）	2.17
	38	党政干部参加生态文明培训比例（%）	2.17
绿色制度指数 （权数=17.4%）	39	规划环评执行率（%）	2.17
	40	清洁生产审核企业比例（%）	2.17
	41	环境友好项目比例（%）	2.17
	42	政府绿色采购比例（%）	2.17
	43	资源环境信息公开率（%）	2.17
	44	固定源排污许可证覆盖率（%）	2.17
	45	生态文明建设工作占党政实绩考核比例（%）	2.17
	46	公众对生态环境质量满意度（%）	2.17

5.4 评估方法

将城市绿色发展指标体系各指标进行标准化处理，根据权重进行指标合成，从而展开结果分析，测算方法的关键在于原始指标的处理方法和指标合成到综合指数的方法。

（1）原始指标处理。城市绿色发展指数是由多个绿色发展分项指数、多个评价指标构成的合成指标，各个指标量纲不同，为了保证不同量纲指标之间的有效合成，需要对指标进行无量纲化处理。同时，由于指标的不同属性，需要将指标中的正向指标和逆向指标趋势一致化，保证指标之间的可比性，需要对指标进行一致性处理。

数据的标准化处理就是统计数据的指数化，包括数据无量纲化处理和数据趋同化处理两个方面，前者是为解决数据的可比性，而后者是为保证数据的一致性。常见的数据标准化处理的方法有离差标准化和标准差标准化。离差标准化是指以数据的极值作为参考，通过最大值、最小值的方法进行原始数据的线性变换，将标准化后的结果落到0~1的区间。标准差标准化是以数据的均值作为参考，经过处理的数据符合标准正态分布，即均值为 0，标准差为 1，指标数值小于 0 则表示低于平均水平，大于 0 则表示高于平均水平。

总体而言，标准差标准化方法虽具有较强的科学性且能直观展现数据结果，然而，在使用过程中该方法会出现两个问题：①标准化后的数值分布区间分散，最大值和最小值之间差异较大；②会出现数值大于 1 或者小于−1 的情况。与此相反，离差标准化方法处理后的数值之间差异较小，分布紧凑，且无负值产生（北京师范大学，2016）。综合上述考虑，在本次研究中，采用离差标准化方法进行数据处理。

对于正向指标：指标值越大，越有利于城市的绿色发展，正向指标的标准化处理公式为

$$X_i = \frac{x_i - x_{\min}}{x_{\max} - x_{\min}}$$

式中：X_i —— 转换后的值；

　　　　$x_{\max}$ —— 指标最大样本值；

　　　　$x_{\min}$ —— 指标最小样本值；

　　　　x_i —— 指标原始值。

对于逆向指标：指标值越大，越不利于城市绿色发展，逆向指标的标准化处理公式为

$$X_i = \frac{x_{\max} - x_i}{x_{\max} - x_{\min}}$$

式中：X_i —— 转换后的值；

$x_{\max}$ —— 指标最大样本值；

$x_{\min}$ —— 指标最小样本值；

x_i —— 指标原始值。

（2）指标权重确定。指标权重的确定是进行综合评价的重要环节，权重的确定直接影响到综合评价的结果。权重是以某种数量形式对比、权衡被评价事物总体中诸多因素相对重要程度的度量值（肖宏伟，2013）。在对多指标测度体系进行权重赋予时，通过对各指标赋予一定的权重，体现该指标在整个指标体系中的重要性程度的差异。

指标权重确定方法可分为主观赋权法、客观赋权法。主观赋权法的原始数据主要由专家根据主观判断得到，其特点是可以最大程度地利用专家的丰富经验，但赋权结果往往受专家的知识结构、工作经验及偏好等因素的影响。客观赋权法主要根据各个指标提供的分辨信息量的大小或指标之间的相互关系来确定权重，其特点是权重的客观性强，但结果有时与实际情况不相符，难以得到公认（杨学强，2015）。

在构建绿色发展评价体系时，已经将同层级指标设为同等重要，同时考虑到在二级指标数量较多且均能从不同领域反映绿色发展的情况，因而对于二级指标不再做过分细致的权重处理。结合绿色发展指数的理论框架，对二级指标做平均权重处理，最终得到绿色发展的综合指数。

（3）指标合成与分析。城市绿色发展指数包括总指数和分指数，具体来看"城市绿色发展指数"为总指数，而绿色空间指数、绿色经济指数、

绿色环境指数、绿色人文指数和绿色制度指数为分指数。在具体评价时，总指数的结果和分指数的结果会产生差异，总指数反映城市绿色发展的综合水平，而分指数则从绿色发展组成结构的角度反映各个维度城市绿色发展的面貌。

第 6 章

珠三角绿色发展水平评价

在完成绿色发展评价体系构建的基础上,开展珠三角城市绿色发展指数评价,进行城市绿色发展指数排名,完成各个城市的绿色发展"体检"。根据绿色发展指数的构成,开展各城市分维度研究,通过绿色发展的分维度研究指出各城市绿色发展需要改变或有待改善的方向,发现绿色发展的长板和短板,对具有可操作性的经验进行推广,评估城市绿色发展战略政策的实施效力,为制定和完善城市绿色发展战略、弥补绿色发展存在的不足提供政策建议。

6.1 原始数据处理

参照 3.3 构建的绿色发展评价体系对珠三角展开评价。由于数据的可获取性、部分指标暂未开展统计等因素,构建的体系中 46 项指标目前仅获得 17 项指标的具体值。

(1)数据来源。现阶段可获得的数据主要来自于全省及各城市统计年鉴、水资源公报、环境状况公报等直接或间接计算得到,由于主客观条件限制，部分重要的指标仍然没有得到数据，在未来的研究中将持续加以补充和完善，力求全面地反映城市绿色发展全貌。

（2）指标权重。由于绿色人文指数和绿色制度指数相关数据暂时未能获取，因而仅采用绿色空间指数、绿色经济指数和绿色环境指数来进行评价，运用等权重方法展开分析，具体权重见表 6-1。

表 6-1　珠三角城市绿色发展指数指标体系（评价版本）

一级指标	二级指标	权重/%
绿色空间指数（权重=11.8%）	城市人均公园绿地面积（m²）X1	5.88
	城市建成区绿化覆盖率（%）X2	5.88
绿色经济指数（权重=64.7%）	人均 GDP（万元）X3	5.88
	第三产业增加值占 GDP 比重（%）X4	5.88
	先进制造业增加值占规模以上工业比重（%）X5	5.88
	高技术制造业增加值占规模以上工业比重（%）X6	5.88
	R&D 经费支出占 GDP 比重（%）X7	5.88
	单位 GDP 水耗（m³/万元）X8	5.88
	单位 GDP 能耗（标煤）（t/万元）X9	5.88
	单位 GDP COD 排放量（kg/万元）X10	5.88
	单位 GDP 氨氮排放量（kg/万元）X11	5.88
	单位 GDP 二氧化硫排放量（kg/万元）X12	5.88
	单位 GDP 氮氧化物排放量（kg/万元）X13	5.88
绿色环境指数（权重=23.5%）	城市空气质量优良天数比例（%）X14	5.88
	PM$_{2.5}$ 年均浓度（μg/m³）X15	5.88
	地表水水质达到或优于Ⅲ类比例（%）X16	5.88
	地表水劣于Ⅴ类水体断面比例（%）X17	5.88

（3）标准化处理。依据离差标准化法对珠三角城市绿色发展指标体系进行标准化处理，标准化处理后的结果（表 6-2）。其中，X1～X7、X14、X16 共计 9 项指标为正向指标，X8～X13、X15、X17 共计 8 项指标为负向指标，当标准化后的数值为 0 时，显示此项绿色发展指标在各个城市中处于最差水平，为 1 时，表征此项指标在各个城市中处于最好水平。

表 6-2　珠三角城市绿色发展指标标准化处理

指标名称	广州	深圳	珠海	佛山	惠州	东莞	中山	江门	肇庆
城市人均公园绿地面积 X1	1.00	0.31	0.67	0.00	0.43	0.65	0.52	0.43	0.85
城市建成区绿化覆盖率 X2	0.31	0.53	1.00	0.24	0.29	0.87	0.00	0.45	0.36
人均 GDP X3	0.80	1.00	0.70	0.55	0.16	0.25	0.41	0.01	0.00
第三产业增加值占 GDP 比重 X4	1.00	0.74	0.41	0.08	0.16	0.56	0.26	0.27	0.00
先进制造业增加值占规模以上工业比重 X5	0.58	1.00	0.30	0.00	0.72	0.32	0.09	0.21	0.01
高技术制造业增加值占规模以上工业比重 X6	0.10	1.00	0.39	0.01	0.60	0.47	0.19	0.00	0.03
R&D 经费支出占 GDP 比重 X7	0.07	1.00	0.41	0.50	0.32	0.36	0.46	0.26	0.00
单位 GDP 水耗 X8	0.78	1.00	0.88	0.74	0.51	0.84	0.63	0.00	0.18
单位 GDP 能耗 X9	0.83	1.00	0.89	0.70	0.00	0.64	0.71	0.60	0.38
单位 GDP COD 排放量 X10	0.87	1.00	0.73	0.68	0.60	0.72	0.72	0.00	0.08
单位 GDP 氨氮排放量 X11	0.88	1.00	0.65	0.65	0.39	0.53	0.69	0.00	0.09
单位 GDP 二氧化硫量 X12	0.87	1.00	0.45	0.61	0.53	0.15	0.59	0.00	0.20
单位 GDP 氮氧化物排放量 X13	0.94	1.00	0.22	0.59	0.40	0.12	0.72	0.00	0.08
城市空气质量优良天数比例 X14	0.07	0.91	0.40	0.02	1.00	0.00	0.43	0.28	0.11
PM$_{2.5}$ 年均浓度 X15	0.00	0.75	0.67	0.00	1.00	0.25	0.50	0.42	0.00
地表水水质达到或优于III类比例 X16	0.40	0.00	0.60	0.74	0.78	0.00	0.60	0.43	1.00
劣于 V 类水体断面比例 X17	0.89	0.00	1.00	0.65	0.69	0.60	1.00	1.00	1.00

6.2　综合和分项指数分析

根据上述分析得到各城市的绿色发展综合指数和分项指数排名，具体排名结果分析如下。需要引起重视的是，由于采用的是等权重的方法，而由于数据的限制，导致 3 个一级指标体系内部指标不均衡，导致指数的发展受数据的可获得性的影响程度较大，后续将继续完善数据，从而获得比较全面和准确的评估。

6.2.1　绿色发展指数

由于数据获取的限制性，本次评价中的绿色发展指数仅由绿色空间指数、绿色经济指数和绿色环境指数构成，绿色人文指数和绿色制度指数由于缺乏相应的统计数据，无法加入计算，后续将予以完善。

2015 年珠三角 9 个城市横向可比的绿色发展指数测度结果（图 6-1）。其中，深圳绿色发展指数在 9 个城市中最高，达到 0.779，绿色经济指数处于区域领先水平，显示深圳产业转型发展较好，能源资源利用效率和环境污染治理效率均处在较高水平。广州和珠海绿色发展水平次之，分别达到 0.611 和 0.609。惠州、中山、东莞、佛山 4 个城市绿色发展水平处于中游，分别为 0.506、0.502、0.432 和 0.398。江门和肇庆两市绿色发展水平最低，主要限制原因在于绿色经济指数过低，产业发展不够先进，环境污染治理效率仍亟待提升，虽然有先天的资源环境禀赋等良好优势，但由于绿色经济的短板，导致绿色发展指数较低。从绿色发展指数的区域分布来看，珠三角地区绿色发展水平呈现由中心到外围递减的态势，且东部城市绿色发展水平高于西部城市。

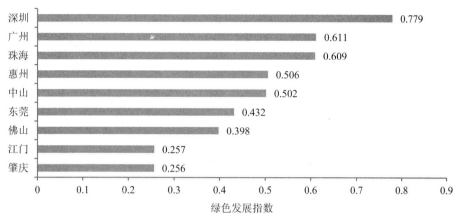

图 6-1　珠三角城市绿色发展指数排名

6.2.2　绿色空间指数

绿色空间指数由城市人均公园绿地面积和建成区绿化覆盖率两项指标组成，在绿色空间指数方面（图 6-2），珠海最高，达到 0.099，东莞、广州、肇庆次之，分别达到 0.090、0.077 和 0.071，江门、深圳、惠州、中山、佛山绿色空间指数较低，分别仅为 0.052、0.050、0.043、0.031 和 0.014。从空间分布来看，西部城市比东部城市在城市公共空间绿化方面发展较好。

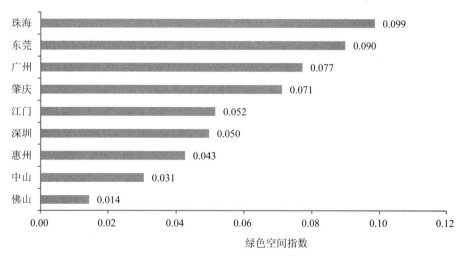

图 6-2　珠三角城市绿色空间指数排名

从具体城市绿色空间指数指标来看（图 6-3），在城市人均公园绿地面积上，广州最高，达到 21.8 m²，其次是肇庆，达到 20.7 m²，深圳、佛山人均公园绿地面积较低，仅为 16.9 m² 和 14.7 m²。在建成区绿化覆盖率上，珠海最高，达到 52.6%，东莞次之，达到 50.5%，中山最低，仅为 36.5%。目前，广州、惠州和东莞已成功建成国家森林城市，珠海、肇庆等创建工作进入攻坚阶段，随着珠三角森林城市群建设的深入推进，绿色空间指数将得到进一步提升。

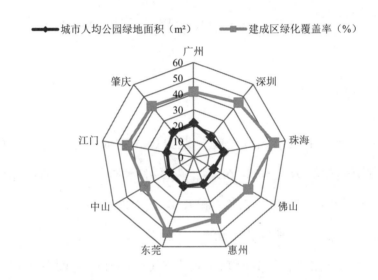

图 6-3　珠三角城市绿色空间指数指标详解

6.2.3　绿色经济指数

绿色经济指数主要由 11 项指标构成，发达的绿色经济应当包括产业发展的绿色化，在高端产业等方面的发展优势，还包括领先的生态效率，实现经济发展与能源资源、污染排放的脱钩，从而实现绿色的经济增长，可以总结归纳为产业转型升级、资源能源利用和环境污染治理 3 个方面。

从城市绿色经济指数来看（图 6-4），深圳最高，达到 0.632，得益于其较早的产业转型升级和较高的生态效率,远远优于其他城市,与卢强(2013)的研究相呼应,深圳在工业发展的绿化度、资源环境效率等领域均处于较优水平。广州次之,为 0.454,其次是珠海、中山、佛山、东莞、惠州,绿色经济指数水平相差不大,江门和肇庆绿色经济指数极低,仅达到 0.080 和 0.061,除产业转型升级较为滞后外,较低的资源能源效率、污染排放治理水平均成为限制因素。与绿色发展指数呈现出的趋势类似,绿色经济指数也同样呈现由中心向外围递减的趋势。

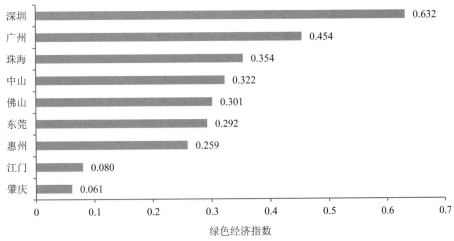

图 6-4 珠三角城市绿色经济指数排名

从绿色经济指数产业转型升级来看(图 6-5),深圳在各项指标方面均处于领先地位,深圳人口富裕程度、产业结构层次和科技研发投入力度远高于珠三角其他城市,产业转型升级水平较高。在人口富裕程度方面,广州、珠海次之,在产业结构层次方面,惠州发展仅次于深圳,在研发投入方面,佛山、中山等指标表现较为突出。江门、肇庆两个外围城市在产业转型升级方面明显低于其他城市,两市在人口富裕程度、产业结构层次和科技研发投入力度等方面与珠三角核心城市仍有较大差距,产业转型升级较为滞后。

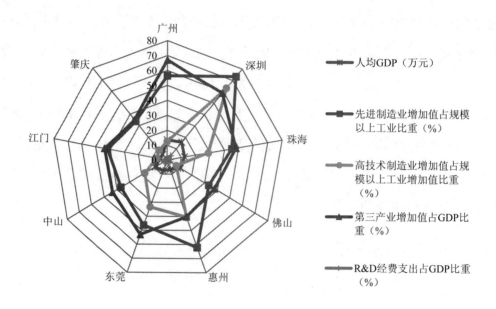

图6-5　珠三角绿色经济指数产业转型升级领域指标详解

　　从绿色经济指数资源能源消耗来看（图6-6），珠三角地区在资源能源利用效率方面呈现明显的由中心到外围递减的态势。在水资源消耗方面，深圳处于绝对领先地位，单位GDP水耗仅为11 t/万元；其次为珠海和东莞，分别达到25 t/万元和29 t/万元。在能源利用方面，深圳继续保持领先地位，仅为0.39 t标煤/万元，其次为珠海和广州，分别为0.42 t标煤/万元和0.44 t标煤/万元。江门、肇庆两市资源能源利用效率远低于其他城市。江门水资源消耗强度为全区域最高，达到124 t/万元，为最优水平深圳的11倍，肇庆能源消耗强度为区域最高，达到0.56 t标煤/万元，为最优水平深圳的1.5倍，区域资源能源利用效率极不平衡。

　　从绿色经济指数环境污染治理来看（图6-7），深圳环境污染治理水平最高，尤其是在大气环境污染治理领域表现突出。江门、肇庆环境治理水平最低，尤其是江门，单位GDP主要污染物排放强度均为全域最高，表明珠三角外围城市的生态效率提升仍需加快。江门的单位GDP化学需氧量、氨氮、二氧化硫和氮氧化物的排放强度分别为深圳的 9 倍、6 倍、77 倍和 5 倍，区域污染治理效率差距较大。

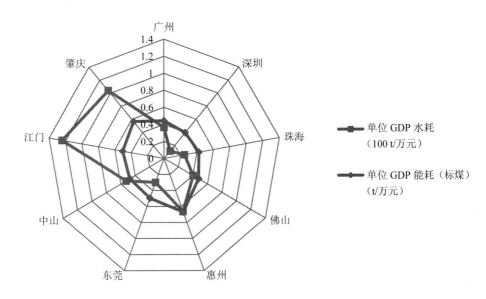

图 6-6　珠三角绿色经济指数资源能源消耗领域指标详解

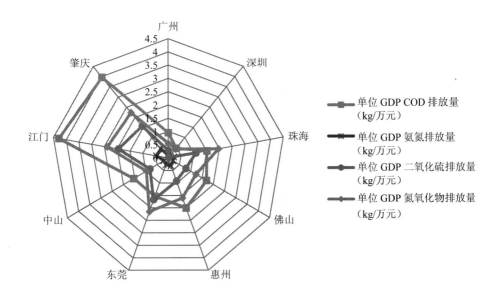

图 6-7　珠三角绿色经济指数环境污染治理领域指标详解

6.2.4 绿色环境指数

绿色环境指数主要由 4 项指标构成,主要反映良好的大气、水环境质量。从城市绿色环境指数来看(图 6-8),惠州处于最优水平,达到 0.204,虽然惠州资源能源消耗和污染排放控制处于一般水平,但其在产业转型升级上提升较快,较好地实现经济与环境的协调发展。其次为珠海、中山、江门、肇庆,珠海、中山空气质量达标率较高,且已消除劣 V 类水体,$PM_{2.5}$ 浓度实现达标,而江门、肇庆虽然污染排放、资源能源消耗强度较高,产业发展层次较低,但由于其发展阶段推进的滞后,同时得益于其较好的生态环境优势,因而绿色环境指数与珠三角等核心城市保持接近。作为绿色发展指数最高的深圳在绿色环境指数上处于较低水平,仅为 0.097,广州、佛山、东莞等也处于较低水平。而上述城市均是经济较为发达的城市,在工业化推进阶段,高排放的发展模式造成的环境问题需要较长的时间来修复,经济与排放的拐点可能早于经济与环境质量改善关系的拐点,环境质量的改善任重而道远。绿色环境指数呈现的趋势与绿色空间指数较为一致,中心城市环境质量较差,外围城市环境质量较好。

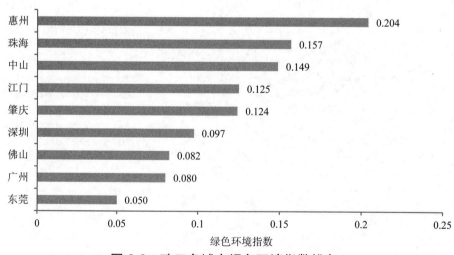

图 6-8 珠三角城市绿色环境指数排名

绿色环境指数包含两项大气指标和两项水环境指标（图 6-9）。在大气环境质量方面，惠州、深圳、中山均处于较高水平，空气质量达标率分别达到 97.5%、96.3% 和 90.1%，PM$_{2.5}$ 年均质量浓度也实现高标准达标，尤其是惠州，PM$_{2.5}$ 年均质量浓度仅为 27 μg/m^3，奠定大气环境质量改善的标杆。在水环境质量方面，深圳、东莞、惠州等多个城市存在劣 V 类水体问题，尤其是深圳，劣 V 类水体比例高达 71.4%，而劣 V 类水体是污染累积性的结果，治理成本高，治理难度较大，见效周期较长。而肇庆、江门等外围城市在水环境指标上表现较好，肇庆、江门地表水水质达到或优于 III 类比例分别为 91.7% 和 55.6%，且均未出现劣 V 类水体。

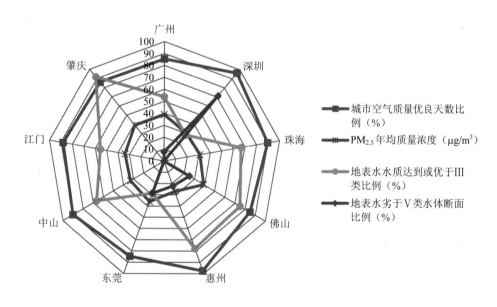

图 6-9　珠三角城市绿色环境指数指标详解

6.3　主要研究结论

（1）绿色发展城市间的梯度差异明显。珠三角核心区（广州、深圳、中山、珠海、佛山）和非核心区（惠州、江门、肇庆）绿色发展水平存在较大差距，非均衡特征较为明显。珠三角核心区的深圳、珠海、广州、中山、东莞、佛山绿色发展指数靠前，珠三角非核心区除惠州超越中山、佛山外，江门、肇庆绿色发展指数与核心区存在较大差距。在其他指数领域，珠三角核心区与非核心区也呈现非均衡特征。在绿色空间指数和绿色环境指数方面，珠三角非核心区总体优于核心区，非核心区资源与生态环境优势较为明显，呈现较高的空间绿化度，生态环境本底较好。在绿色经济指数方面，非核心区总体劣于核心区，无论是产业转型升级还是资源能源利用效率等方面，非核心区发展亟待加快。随着后发地区经济发展加快，需谨防污染由中心向外围扩散的态势，继续保持外围区域的生态环境优势。

结合主体功能区规划，优化开发区集中于珠三角核心区，而非核心区包含省级重点生态功能区、国家级农产品主产区等，优化开发区保持着较高的绿色发展水平，说明其较好实现了"着力优化空间结构、优化发展方式、优化生态系统格局、提高科技创新能力"等功能定位。而非核心区虽有较好的生态环境优势，但产业发展仍锁定在高投入高排放的增长路径上，绿色发展水平相对滞后，说明这些地区仍需加大经济发展和生态环境保护的协调力度，积极发挥绿色发展的后发优势，弥补绿色发展短板。

表 6-3　珠三角核心区与非核心区绿色发展指数对比

区域	城市	绿色发展指数	绿色空间指数	绿色经济指数	绿色环境指数
珠三角核心区	深圳	0.78	0.05	0.63	0.01
	珠海	0.61	0.10	0.35	0.16
	广州	0.61	0.07	0.45	0.08
	东莞	0.43	0.09	0.29	0.05
	中山	0.50	0.03	0.32	0.15
	佛山	0.40	0.01	0.30	0.08
珠三角非核心区	惠州	0.51	0.04	0.26	0.20
	江门	0.26	0.05	0.08	0.12
	肇庆	0.26	0.07	0.06	0.12

（2）城市绿色发展水平分布与经济发展呈现重叠特征。研究发现，珠三角核心区的绿色发展水平较高，而非核心区绿色发展水平较低，绿色发展的区域分布与经济发展的区域分布呈现出相当程度的重叠特征，即经济发展水平较低的区域在绿色发展水平上也往往处于落后地位，与何新安（2016）的研究保持一致。

根据研究，城市绿色发展指数与人均 GDP 呈现明显的相关关系（图 6-10），相关系数达到 0.895，R^2 达到 0.80。目前在城市绿色发展指数排名中占据前三位的城市（深圳、广州、珠海），人均 GDP 均超过 12 万元。上述城市经济发展规模大，产业转型升级早，战略性新兴产业和新业态加速发展，优势传统产业加速向价值链高端提升，高端服务业主导作用进一步增强，经济发展已迈向质量和效益同步提升的阶段。

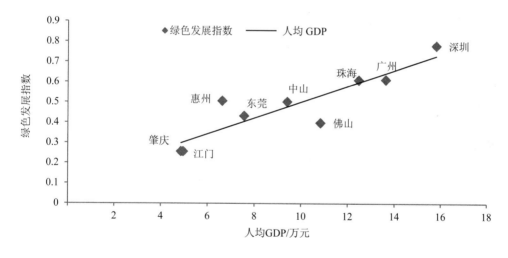

图 6-10　珠三角城市绿色发展指数与人均 GDP 的关系

从研究可以看出，"绿色"与"发展"并不矛盾，即经济发展程度越高，绿色发展水平越好。环境库茨涅兹曲线也表明，环境与经济增长会从互为掣肘的矛盾方逐步过渡到互相促进的协同方，当经济发展到一定水平，到达某个"拐点"以后，随着人均收入的进一步增加，环境质量将会逐渐得到改善。

以深圳为代表的地市已经率先走出一条环境与经济双赢发展的道路。

（3）创新能力显著影响城市绿色发展水平。通过研究城市绿色发展指数与研发经费占比之间的关系（图6-11），发现两者之间具有较高的相关性，相关系数达到0.636。绿色发展水平较高的城市创新能力也相对较强，研发经费占GDP的比重较高。绿色发展指数较高的深圳将创新驱动作为经济发展的主引擎，获批成为首个以城市为基本单元的国家自主创新示范区，三次位居福布斯中国大陆创新城市榜首，研发经费占GDP比重达到3.84%，"十三五"期间此比例还将进一步提高到4.25%。

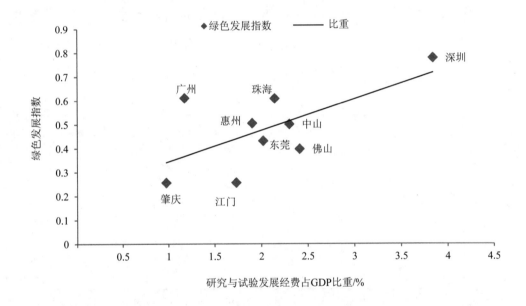

图 6-11　珠三角城市绿色发展指数与研究与试验发展经费占 GDP 比重的关系

创新能力对于城市经济和社会发展的重要性，在众多学者的研究中得到论证，也得到国家和城市管理者的深刻共识。研发投入是经济实现绿色转型的根基和重要着力点，持续保障稳定的研发投入对于实现经济转型至关重要，也是经济增长的内生动力。创新能够实现高新技术对经济的推动作用，也能大大提升节能减排技术对绿色转型的促进作用。城市的绿色发展需要加快从应用技术创新向关键技术、核心技术、前沿技术转变，推动产业创新与商业模式，促进新技术、新产业、新业态和新模式的集中涌现。

（4）高端服务业是城市绿色发展的新引擎。研究发现，在绿色发展指数排名靠前的城市中，大多属于第三产业占比较高的城市，其中占比最高的城市为广州，第三产业占比高达 67.1%，其次为深圳，占比高达 58.8%。这些城市的服务业主要以金融、现代物流等高端服务业为主。而相关分析也显示，绿色发展指数与第三产业占比的相关性达到 0.692（图 6-12）。

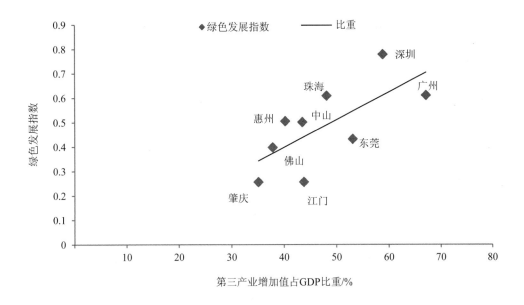

图 6-12　珠三角城市绿色发展指数与第三产业增加值占 GDP 比重的关系

与国外先进水平相比，珠三角城市服务业发展仍存在较大差距，第三产业占比最高的广州（67.1%）落后于纽约 24.1 个百分点。服务业尤其是现代服务业，由于消耗低、污染小、效益高，被称为城市发展的绿色引擎。在城市推进绿色发展的进程中，应高度重视现代服务业的发展，推动服务业由"传统"向"现代"转型，加快发展现代金融、物流、智慧产业等，促进产业结构不断向高端迈进。

表 6-4 亚太地区主要城市服务业占 GDP 份额（赵峥，2016）

城市	建筑业占城市 GDP 份额/%	制造业占城市 GDP 份额/%	服务业占城市 GDP 份额/%
东京	4.66	8.67	84.9
纽约	3.15	5.4	91.2
新加坡	4.3	19.0	65.4
北京	4.42	19.6	75.1

（5）"治理鸿沟"是造成城市绿色发展水平差距的重要原因。城市之间存在的"治理鸿沟"显著影响城市绿色发展水平的非均衡性（赵峥，2016）。研究发现，绿色发展水平落后的城市与绿色发展水平领先的城市之间存在较大差距，从各分项指标得分差距来看，环境污染治理分项差距为 0.235，紧随产业转型升级分项之后，成为影响城市绿色发展的重要因素。

表 6-5 珠三角城市绿色发展指数各分项指标得分差距比较

分项指数	绿色发展 指数	绿色空间 指数	绿色经济指数			绿色环 境指数
			产业转型 升级	资源能源 消耗	环境污染 治理	
各分项指数得分最 高与最低的城市	0.522	0.084	0.276	0.085	0.235	0.154

绿色发展指数与环境污染治理指标的相关性分析显示，绿色发展指数与四项主要污染物排放强度均呈显著负相关，意味着环境污染治理水平越低，绿色发展水平越低。绿色发展的目标是实现经济活动的低排放特征，实现经济增长与环境污染排放的脱钩。落后地区往往成为原材料、初级产品制造业等的聚集地，如造纸、纺织、有色金属压延、建材等，而发达地区在提供非商品服务方面具有更大优势，如金融、物流、信息服务、科技服务等，技术水平和产业结构导致落后地区单位经济产出的污染排放更多。肇庆、江门等绿色发展水平较低的城市粗放发展趋势明显，近年来环境质量更是出现恶化

趋势，传统产业陷入低迷，新的增长点尚未形成，未来相当长一段时间内面临着保持经济增长和改善环境质量的双重压力。应加快推行清洁生产、循环经济，加快高排放、重污染型行业的绿色化转型，加快推动科技创新，不断提升环境污染治理效率，从而弥补与绿色发展水平先进城市之间的差距，扭转落后绿色发展面貌。

表 6-6　珠三角城市绿色发展指数与环境污染治理指数相关性分析

项目	Pearson 相关系数（环境污染治理）			
	单位 GDP COD 排放量	单位 GDP 氨氮排放量	单位 GDP 二氧化硫排放量	单位 GDP 氮氧化物排放量
绿色发展指数	−0.892**	−0.897**	−0.847**	−0.756*

** 在 0.01 水平（双侧）上显著相关；* 在 0.05 水平（双侧）上显著相关。

第 7 章
珠三角城市绿色发展战略建议

珠三角各城市的实证结果显示，城市绿色发展的进程存在较大的区域差异，绿色发展水平总体呈现由中心向外围逐渐降低的态势。深圳、广州等先进区域在经济社会、资源与生态环境之间能保持较高水平的协调均衡发展，在珠三角区域中处于领先地位，而肇庆、江门虽有良好的生态环境优势，但由于发展模式仍锁定在"高排放、低效益"的增长路径中，面临经济增长和环境改善的双重压力，绿色发展水平亟待提升。珠三角亟须以创建国家绿色发展示范区为抓手，继续强化先进区域绿色发展优势地位，弥补落后区域绿色发展短板，实现全域绿色发展水平的提升。

7.1　国内生态文明和绿色发展示范创建情况

随着我国工业化和城镇化进程的快速推进，资源环境压力日益加大，探索经济社会环境协调可持续发展方式成为十分紧迫而重要的任务。2000 年国务院印发《全国生态环境保护纲要》，提出开展生态示范区建设，环保部大力推动，各地积极响应，福建、浙江、江苏等 16 个省份先后开展生态省建设，

114 个地区先后建成生态市县。2007 年，党的十七大政府工作报告中提出"努力建设资源节约型和环境友好型社会"，国务院批准长株潭城市群和武汉都市圈作为"两型社会"建设综合配套改革试验区。2013 年 6 月，党中央批准将环保部开展的"生态建设示范区"更名为"生态文明建设示范区"，充分体现加快生态文明建设的坚定决心。2014 年国家发改委、财政部等 6 部委联合发文，推动开展生态文明先行示范区建设工作，先后批复北京市密云县等 100 个地区开展生态文明先行示范区建设。2016 年 4 月，环境保护部和浙江省签署《关于共建美丽中国示范区的合作协议》，浙江成为全国首个部省共建美丽中国示范区。同年 8 月，中办国办发布《关于设立统一规范的国家生态文明试验区的意见》，福建、江西和贵州入选首批国家生态文明试验区，着重开展生态文明体制改革综合试验。

"十三五"时期，我国经济社会发展步入新常态，党的十八届五中全会提出创新、协调、绿色、开放、共享的发展理念，绿色发展成为经济社会发展主旋律，推动绿色发展的相关探索也陆续展开。2014 年 5 月，工信部批复同意镇江、黄石、包头等 11 个重化工业特征明显、有一定发展基础的城市作为工业绿色转型发展试点城市，力争在资源能源利用效率、污染排放水平、工业结构调整等领域取得突破性进展，在全国率先实现工业绿色转型发展，探索建立具有推广意义的转型路径和模式。2014 年 10 月，国务院办公厅批复建设中国—新加坡天津生态城国家绿色发展示范区，要求着力优化城市空间布局，促进绿色低碳发展，推动资源节约高效循环利用，积极培育绿色文化，努力把中国—新加坡天津生态城建设成为生产发展、生活富裕、生态良好的宜居城区，为探索中国特色新型城镇化道路提供示范。

总体来看，目前绿色发展示范区的示范主要集中于行业、城市尺度，尚无基于城市群或重要经济区域等大尺度的绿色发展示范区建设，有必要在更大空间尺度上，进一步探索大型城市群、经济发达区域绿色发展的新路径、新模式，在此背景下，环境保护部与广东省人民政府就合作共建珠江三角洲国家绿色发展示范区签署部省合作协议，提出建设珠三角国家绿色发展示范区，为全面贯彻落实绿色发展新理念提供经验借鉴。

7.2 珠三角建设国家绿色发展示范区任务措施

践行"绿水青山就是金山银山"的发展理念，争当绿色发展排头兵，全面推动工业绿色化发展，着力支撑绿色"一带一路"建设，打造绿色环境新标杆，培育绿色经济新动能，开辟绿色惠民新路径，构建绿色发展新格局，带动全省经济社会迈进绿色发展新轨道，在全国率先探索建立经济发展和生态环境改善深度融合的绿色发展新模式，为广东实现"努力在全面建成小康社会、加快建设社会主义现代化新征程上走在前列"的奋斗目标奠定坚实的绿色基础。

7.2.1 构建科学合理的绿色空间

（1）完善国土空间治理体系。以主体功能区规划为基础统筹各类空间性规划，推进"多规合一"，系统整合各类空间性规划，编制实施统一的空间规划，科学划定城镇、农业、生态空间以及生态保护红线、永久基本农田、城镇开发边界，统筹协调平衡跨行政区域的空间布局安排。实施城镇、农业、生态空间分类管控，落实用途管制，禁止无序开发。

（2）打造山清水秀生态空间。以天露山、鼎湖山、南昆山、罗浮山、莲花山等外围连绵山地丘陵为主体构建珠三角北部绿色生态屏障，以环珠江口湾区、环大亚湾区和大广海湾区为主体打造南部蓝色海岸带，以北江、东江、西江等主要江河水系和骨干绿道为主体建设生态廊道体系，形成"绿屏蓝带、廊道链接"的区域生态安全格局。加强对重点生态功能区、生态环境敏感区和脆弱区保护力度，实现一条红线管控重要生态空间，切实维护生态安全。

（3）建设宜居宜业城镇空间。依托山水地貌优化城市形态和功能，根据资源环境承载力合理调节城市规模，推动城镇化发展向内涵提升式转变。科学规划城镇发展格局，合理布局工业用地，推动产业集聚发展。合理设计通风廊道，预留自然生态空间，控制城市建设高度。科学利用地下空间，推动地下综合管廊建设。推行低冲击开发建设模式，加快推进旧城镇、旧厂房、旧村庄改造和生态修复、城市修补工作，打造一批休闲宜居型、生态旅游型、岭南水乡型等森林小镇。

（4）打造集约高效农业空间。实施耕地质量保护与提升行动，推进农田水利、土地整治、中低产田改造，提高农业生产效率。依托珠三角特有的田园景观、自然生态及环境资源，大力发展高效园艺、观光休闲、高科技现代农业，提升农业生产集约化、设施化水平。鼓励城市近郊利用果园、菜园、花圃等农业生产用地建设观光农业、市民农园、休闲农场、假日花市、农业公园、教育农园等项目，打造融生产、生活和生态一体的现代都市型农业。推行生态种植和养殖，推广节药节肥技术，减少化肥、农药用量和水产养殖投饵数量。

7.2.2 构建先进发达的绿色经济

（1）提升经济发展质量效益。加强环保调控，优化产能结构，深入推进供给侧结构性改革。严格环保准入标准，严格控制高污染、高耗能、落后与过剩产能建设项目。制定落实优惠扶持政策，引导资本向节能环保、低碳循环利用等新兴绿色产业聚集，优化劳动力、资本、土地、技术、管理等要素配置，提高全要素生产率。加快重点领域科技创新，实施新一轮技术改造，强化节能减污降耗增效，着力提升经济发展质量和效益。

（2）推动传统产业转型升级。按照"扶持壮大一批，改造提升一批，转移淘汰一批"的原则，推动高消耗、高污染、高排放行业转型升级，推动传统产业价值链整体提升。瞄准国际同行业标杆，实施能效提升、清洁生产、循环利用等专项技术改造，积极推动纺织服装、食品、建材、家电、家具、金属制品、造纸、中成药等优势传统行业改造升级，提升产业绿色化水平。以广州、佛山、中山、东莞、江门为重点，促进产业集聚发展，打造优势传统产业核心区。推动传统行业由生产制造向研发设计、标准制定、检测认证、品牌培育、会展营销、出口贸易转型升级，重构传统行业全球竞争力。

（3）发展壮大环境友好产业。瞄准国际产业变革和竞争制高点，以高端化、智能化、绿色化、服务化为导向，大力发展低消耗、低污染、低排放的绿色产业，构建以战略性新兴产业为先导、先进制造业为主体、生产性服务业为支撑的现代产业体系。以绿色产品、绿色工厂、绿色园区、绿色供应链为抓手，着力构建高效清洁、低碳循环的绿色制造体系。坚持生产性服务业与生活性服务业并重，重点在先进制造业生产基地周边建设生产性服务业集群，推动生产性服务业专业化、高端化发展。加大对节能环保产业的培育力度，推动珠三角地区形成以节能环保技术研发和总部基地为核心的产业集聚带。

（4）完善清洁资源能源体系。坚持节约优先战略，提升资源能源利用效率，积极构建清洁高效的绿色资源能源体系，推动资源能源总量和强度"双控"走在全国前列。全面实施最严格水资源管理，优化水资源配置，统筹协调生活、生产、生态用水，提高水资源利用效率。建立节约集约用地激励和约束机制，按照严控增量、盘活存量、优化结构、提高效率的原则，优化用地布局，盘活存量建设用地，加大对闲置地的处置力度，控制土地开发规模。实行煤炭消费总量中长期控制目标责任管理，禁止新建燃油火电机组和热电联供外的燃煤火电机组，新建耗煤项目实施煤炭减量替代。优化能源结构，大力发展清洁能源。

7.2.3 构建清洁优美的绿色环境

（1）全面推进生态水网建设。强化饮用水水源保护，规范水源地建设，推进饮用水水源地环境激素类化学物质风险监控评估。进一步优化供排水格局，推进广佛肇、深莞惠和珠中江水源一体化，逐步实现联网供水。加强大江大河保护，西江、北江、东江、东海水道、流溪河、潭江、增江等供水通道严禁新建排污口，逐步分离取排水河系。开展系统性全流域综合治理，重点推进广佛跨界河流、淡水河、石马河、茅洲河、东引运河、深圳河等重污染流域综合整治，制定实施不达标水体达标实施方案，实行挂图作战。采取控源截污、垃圾清理、清淤疏浚、生态修复等措施，系统推进黑臭水体环境综合整治。加强水网贯通，实现河流、库塘、湖泊等水网和湿地互连互通，打通珠江水网大循环体系，重建和恢复湿地生态系统。

（2）全力保障大气环境质量。大力推进"小散乱污"企业综合整治，开展城市交界处工业集聚区和村级工业源的连片综合整治。坚持源头防控和综合治理相结合，大力推进重点区域、重点行业挥发性有机物（VOCs）排放控制。加强非道路移动机械大气污染治理，探索在城市建成区划定高排放施工机械禁用区。严格执行珠三角水域船舶排放控制区管理要求，推广应用低硫燃油，加快岸电设施建设，鼓励靠港船舶优先使用岸电。加强生物质燃烧等面源管控，严厉打击露天焚烧秸秆、垃圾和其他废弃物等违法行为，推进全密封泥头车更新工作，提升扬尘防控精细化管理水平。加强有毒有害气体防控，探索开展畜禽养殖、农田化肥使用等典型氨排放源控制试点。

（3）全力保障土壤环境安全。以农用地、重点行业在产企业用地和关闭搬迁企业地块为重点，开展土壤环境质量详细调查。实施农用地分类管理，对未污染和轻微污染的实施优先保护，对轻度和中度污染的推进安全利用，对重度污染的严格用途管理。严格建设用地准入管理，不符合相应规划用地土壤环境质量要求的地块，应当调整规划或进行治理修复，确保达标后再进入用地程序；暂不开发利用或现阶段不具备治理修复条件的地块要加强风险管控。以受污染耕地和拟开发建设居住、商业、学校、医疗和养老机构等项目的污染地块为重点，开展土壤治理与修复。

（4）全域推进美丽乡村建设。以"环境美、生活美、产业美、风尚美"为目标，以整县（市）为单位，建立统一组织领导、统一规划设计、统一资金管理、统一建设管理、统一运行管理、统一考核验收的推进机制，全域推进农村人居环境综合整治。加强农村饮用水水源地保护，加快推进镇村生活污水处理设施建设；进一步完善"户分类、村收集、镇转运、县处理"的农村生活垃圾收运处理体系，开展农村生活垃圾分类减量工作。继续推进生态村、镇等生态建设示范区创建工作，建立健全激励机制，实行"以奖代补"。

（5）推进美丽蓝色海湾建设。加强自然岸线保护，合理控制围填海规模，减少滨海新区开发对自然岸线的侵占。加强沿海生态防护带建设，强化珠江口红树林抢救性修复和滩涂湿地保护，扩大红树林种植面积，构筑优质滨海湿地生态系统。强化大亚湾－稔平半岛、珠江口河口、万山群岛和川山群岛等生态环境保护，构筑珠江口生态安全屏障。实施蓝色海湾整治行动，以珠江口东、西两岸污染整治为重点，规范入海排污口设置，全面清理非法或设置不合理的入海排污口。加强珠海横琴新区、惠州市和深圳大鹏新区等国家级海洋生态文明建设示范区建设。

7.2.4 构建繁荣多样的绿色人文

（1）弘扬岭南生态文化。以珠三角地区密集水网为基础，还原岭南文化沿西江、北江、东江发展及传播的历史脉络，打造以客家文化为主体的东江人文风情线和以广府文化为主体的珠江人文风情线等岭南文化体验带，构建人水和谐的岭南水乡特色文化。开展名街、名镇、名村、名园、名道、名馆建设"六名"行动。开展南粤古驿道保护修复和活化利用，结合沿线地区古村落、古建筑、自然景观，以及特色民俗风情、重要节庆等资源，举办古驿道文化创意大赛、摄影大赛、定向大赛等赛事活动。依托乡村山水田园风光、农耕特色文化、乡村历史文化等资源推广"乡村旅游+"模式，打造生态旅游示范区。

（2）倡导绿色生活方式。大力倡导勤俭节约、绿色低碳、文明健康的生活方式，努力使绿色生活方式成为每个社会成员的自觉行动。广泛开展绿色消费行动，自觉抵制和反对各种形式的奢侈浪费、不合理消费，积极引导消费者购买节能环保低碳产品，强化企业绿色消费责任，健全生产者责任延伸制。大力倡导绿色低碳出行，推广公共交通、共享单车等绿色出行方式。大力倡导绿色居住，支持绿色生态小区建设，减少环境负荷，创造健康舒适的居住空间。加强节约型公共机构建设，在公共机构推行绿色办公与绿色采购。实施绿色细胞工程，加强绿色企业、绿色园区、绿色学校、绿色社区建设。

（3）开展绿色宣传教育。强化公众绿色教育，提高公民生态道德素质，使勤俭节约、珍惜资源、保护生态环境、维护生态权益成为全体公民的行为自觉。强化企业环保普法宣传教育工作，提高企业环保守法和责任意识。建立健全多元共治机制，引导培育环保社会组织健康有序发展，扩大环保志愿者队伍，强化公众参与和社会监督。充分发挥世界环境日、世界地球日、国际生物多样性日等重大环保纪念日的平台作用，做好"广东省环境文化节""广东省环保宣传月活动""粤环保·粤时尚""绿色创建"等大型宣传活动，努力打造一批环保公益活动品牌。

7.2.5 构建系统完善的绿色制度

（1）健全生态环境法治制度。完善生态环境保护地方法规体系，加快制定或修订水、大气、土壤、固体废物污染防治等领域地方性法规和政府规章，鼓励地市加快推进环境立法。建立完善绿色发展标准体系，制定或修订一批资源节约和循环利用标准和重点行业、重点区域流域、重点污染物排放标准，倒逼节能减排降耗。强化环境监督执法，推进联合执法、区域执法、交叉执法，加强环保部门与公安机关协调联动。推动环保行政执法与刑事司法的高效衔接，探索建立跨行政区划环境资源审判机构。

（2）建立自然资源产权制度。加快建立归属清晰、权责明确、监管有效的自然资源资产产权制度，建立健全省级自然资源资产管理体制，明晰矿藏、水流、森林、山岭、海域等自然资源的占有权、使用权、收益权及处分权，强化自然资源保护和监管。坚持资源公有、物权法定，清晰界定全部国土空间各类自然资源的产权主体。对水流、河湖、森林、山岭、荒地、滩涂、湿地等自然生态空间进行统一确权登记，推进确权登记法制化。探索建立水权制度，分清水资源所有权、使用权及使用量。实施自然资源有偿使用。

（3）完善环境管理基础制度。按照省以下环保监测监察执法机构垂直管理制度改革试点工作要求，推动各市（县、区）成立环境保护委员会，制定并公布各有关部门环境保护责任清单。实施排污许可制，控制范围逐渐统一到固定污染源。建立完善网格化环境监管体系，建立完善常态化的环境保护督察制度，推动地方党委、政府落实环境保护党政同责、一岗双责。完善生态保护成效与资金分配挂钩的激励约束机制，建立完善跨界水环境质量考核激励制度，鼓励有条件的跨县（市、区）河流及跨流域供水开展生态补偿工作。

（4）健全生态环境市场制度。大力推广 PPP，引导社会资本参与环境保护基础设施建设等公共领域，采取政府主导、企业总包规划—设计—建设—运营—管理的方式。加大高耗能、高耗水行业差别电价和水价实施力度。采用环境绩效合同服务等方式，推进电厂超低排放改造和电镀、石油化工、包装印刷、印制电路板、印染、化工等重点行业企业的第三方治理。鼓励将零散工业废水交由环境服务公司治理，推动中小工业锅炉生产、污染治理及设施运营一体化，加快挥发性有机物污染第三方治理示范项目建设。鼓励金融机构建立支持绿色信贷、绿色保险等绿色业务的激励机制和抑制高污染、高能耗和产能过剩行业贷款的约束机制。

（5）健全绩效评价考核制度。建立资源环境承载能力监测预警机制，对水土资源、环境容量和海洋资源超载区域实行限制性措施。率先在珠三角地区全面开展自然资源资产离任审计，严格落实《广东省党政领导干部生态环境损害责任追究实施细则》，对党政领导干部违背科学发展要求、造成生态环境和资源严重破坏的，严格依法终身追责。完善政绩考核评价指标，把生态文明建设作为考核评价的重要内容，加大资源消耗、环境保护等指标的权重。

（6）完善区域环保合作制度。深化珠三角环保一体化机制，完善珠三角大气污染联防联控和水污染防治协作机制，鼓励相邻地区统筹规划、合理布局，共建生活垃圾处理等环保基础设施。加强"广佛肇+清远、云浮、韶关""深莞惠+汕尾、河源""珠中江+阳江"等区域合作，推进珠三角和粤东西北地区产业共建。深化粤港澳环保合作，推进区域大气、水和固体废物污染防治，携手共建粤港澳大湾区优质生活圈。创新国际环境技术转移模式，加快建设"一带一路"环境技术交流转移中心（深圳），打造高水平绿色发展国际合作平台。

附 录

附录 1　城市绿色发展指数测算指标解释及数据来源

1. 城市人均公园绿地面积

指标解释：城市人均公园绿地面积是指在城市城区内城市人口平均每人拥有的公园绿地面积。公园绿地是指具备城市绿地主要功能的斑块绿地，包括全市性公园、区域性公园、居住区公园、小区游园、儿童公园、动物园、植物园、历史名园、风景名胜公园、游乐公园、社区性公园及其他专类公园，也包括带状公园和街旁绿地等。

计算公式：

$$城市人均公园绿地面积 = \frac{建成区公园绿地面积}{建成区人口数}$$

数据来源：住建、统计部门。

2. 城市建成区绿化覆盖率

指标解释：建成区绿化覆盖率是指城区内一切用于绿化的乔、灌木和多年生草本植物的垂直投影面积与建成区总面积的百分比。乔木树冠下重叠的灌木和草本植物不再重复计算。

计算公式：

$$城市建成区绿化覆盖率 = \frac{建成区绿化覆盖面积}{建成区面积} \times 100\%$$

数据来源：住建、统计部门。

3. 人均 GDP

指标解释：地区生产总值（GDP）是按市场价格计算的一个国家或地区所有常住单位在一定时期内生产活动的最终成果。人均 GDP 即是与年平均人口的比值。

计算公式：

$$人均GDP = \frac{地区生产总值}{年平均人口}$$

数据来源：统计部门。

4. 第三产业增加值占 GDP 比重

指标解释：第三产业增加值比重是指第三产业增加值占地区生产总值的比重。

数据来源：统计部门。

5. 先进制造业增加值占规模以上工业比重

指标解释：先进制造业增加值占规模以上工业比重是指先进制造业增加值占规模以上工业增加值的比重。先进制造业包含装备制造业、钢铁冶炼及加工、石油及化学行业。

数据来源：统计部门。

6. 高技术制造业增加值占规模以上工业比重

指标解释：高技术制造业增加值占规模以上工业比重是指高技术制造业增加值占规模以上工业增加值的比重。高技术制造业包括医药制造，航空、航天器及设备制造，电子及通信设备制造，计算机及办公设备制造，医疗仪器设备及仪器仪表制造，信息化学品制造六大类。

数据来源：统计部门。

7. R&D 经费支出占 GDP 比重

指标解释：R&D（研究与发展）经费支出包括用于研究与发展课题活动（基础研究、应用研究、试验发展）的全部实际支出。包括用于研究与发展课题活动的直接支出，还包括间接用于研究与发展活动的一切支出（院、所管理费，维持院、所正常运转的必需费用和与研究发展有关的基本建设支出）。

计算公式：

$$R\&D经费支出占GDP比重 = \frac{R\&D经费支出}{地区生产总值} \times 100\%$$

数据来源：统计部门。

8. 单位 GDP 水耗

指标解释：指行政区内单位地区生产总值所使用的水资源量。

计算公式：

$$单位GDP水耗 = \frac{用水总量}{地区生产总值}$$

数据来源：水利、统计部门。

9. 单位 GDP 能耗

指标解释：指行政区内单位地区生产总值所使用的能源消耗量，是反映能源消费水平和节能降耗状况的主要指标。

计算公式：

$$单位GDP能耗 = \frac{能源消耗总量}{地区生产总值}$$

数据来源：统计、发改、经信部门。

10. 单位 GDP COD 排放强度

指标解释：指行政区内单位地区生产总值所排放的 COD 总量。

计算公式：

$$单位GDP\ COD排放强度 = \frac{COD排放总量}{地区生产总值}$$

数据来源：统计、环保部门。

11. 单位 GDP 氨氮排放强度

指标解释：指行政区内单位地区生产总值所排放的氨氮总量。

计算公式：

$$单位GDP氨氮排放强度 = \frac{氨氮排放总量}{地区生产总值}$$

数据来源：统计、环保部门。

12. 单位 GDP 二氧化硫排放强度

指标解释：指行政区内单位地区生产总值所排放的二氧化硫总量。

计算公式：

$$单位GDP二氧化硫排放强度 = \frac{二氧化硫排放总量}{地区生产总值}$$

数据来源：统计、环保部门。

13. 单位 GDP 氮氧化物排放强度

指标解释：指行政区内单位地区生产总值所排放的氨氮总量。

计算公式：

$$单位GDP氮氧化物排放强度 = \frac{氮氧化物排放总量}{地区生产总值}$$

数据来源：统计、环保部门。

14. 城市空气质量优良天数比例

指标解释：指行政区空气质量达到或优于二级标准的天数占全年有效监测天数的比例。执行《环境空气质量标准》（GB 3095—2012）和《环境空气质量功能区划分原则与技术方法》（HJ/T 14—1996）。

计算公式：

$$优良天数比例 = \frac{空气质量达到或优于二级标准的天数}{全年有效监测天数} \times 100\%$$

数据来源：环保部门。

15. PM$_{2.5}$年均浓度

指标解释：PM$_{2.5}$是指一个日历年内各日可吸入细颗粒物 PM$_{2.5}$年均浓度的算术平均值，执行《环境空气质量标准》（GB 3095—2012）。

数据来源：环保部门。

16. 地表水水质达到或优于III类比例

指标解释：指行政区内主要监测断面水质达到或优于III类水的比例，主要监测断面来自省与地市签订的水污染防治目标责任书，执行《地表水环境质量标准》（GB 3838—2002）。

数据来源：环保部门。

17. 地表水劣于V类水体断面比例

指标解释：指行政区内主要监测断面水质劣于V类的比例，主要监测断面来自省与地市签订的水污染防治目标责任书，执行《地表水环境质量标准》（GB 3838—2002）。

数据来源：环保部门。

附录 2　珠三角城市绿色发展评价表

附表 2-1　深圳绿色发展评价

序号	指标名称	单位	指标属性	2015 年深圳数值	2015 年深圳排名
1	城市人均公园绿地面积	m^2	正向	16.91	8
2	城市建成区绿化覆盖率	%	正向	45.08	3
3	人均 GDP	万元	正向	15.80	1
4	第三产业增加值占 GDP 比重	%	正向	58.8	2
5	先进制造业增加值占规模以上工业比重	%	正向	73.4	1
6	高技术制造业增加值占规模以上工业比重	%	正向	63.1	1
7	R&D 经费支出占 GDP 比重	%	正向	3.84	1
8	单位 GDP 水耗	m^3/万元	逆向	11.37	1
9	单位 GDP 能耗（标煤）	t/万元	逆向	0.40	1
10	单位 GDP COD 排放量	kg/万元	逆向	0.48	1
11	单位 GDP 氨氮排放量	kg/万元	逆向	0.076	1
12	单位 GDP 二氧化硫排放量	kg/万元	逆向	0.025	1
13	单位 GDP 氮氧化物排放量	kg/万元	逆向	0.44	1
14	城市空气质量优良天数比例	%	正向	96.3	2
15	PM$_{2.5}$ 年均浓度	μg/m^3	逆向	30	2
16	地表水水质达到或优于III类比例	%	正向	28.6	8
17	地表水劣于V类水体断面比例	%	逆向	71.4	9

附表 2-2　广州绿色发展评价

序号	指标名称	单位	指标属性	2015 年广州数值	2015 年广州排名
1	城市人均公园绿地面积	m^2	正向	21.82	1
2	城市建成区绿化覆盖率	%	正向	41.50	6
3	人均 GDP	万元	正向	13.62	2
4	第三产业增加值占 GDP 比重	%	正向	67.1	1
5	先进制造业增加值占规模以上工业比重	%	正向	56.5	3
6	高技术制造业增加值占规模以上工业比重	%	正向	12.5	6
7	R&D 经费支出占 GDP 比重	%	正向	1.17	8
8	单位 GDP 水耗	m^3/万元	逆向	36.54	4
9	单位 GDP 能耗（标煤）	t/万元	逆向	0.44	3
10	单位 GDP COD 排放量	kg/万元	逆向	0.96	2
11	单位 GDP 氨氮排放量	kg/万元	逆向	0.12	2
12	单位 GDP 二氧化硫排放量	kg/万元	逆向	0.28	2
13	单位 GDP 氮氧化物排放量	kg/万元	逆向	0.55	2
14	城市空气质量优良天数比例	%	正向	85.5	7
15	PM$_{2.5}$ 年均浓度	μg/m^3	逆向	39	7
16	地表水水质达到或优于III类比例	%	正向	53.8	7
17	地表水劣于V类水体断面比例	%	逆向	7.7	5

附表 2-3 珠海绿色发展评价

序号	指标名称	单位	指标属性	2015年珠海数值	2015年珠海排名
1	城市人均公园绿地面积	m^2	正向	19.50	3
2	城市建成区绿化覆盖率	%	正向	52.61	1
3	人均GDP	万元	正向	12.47	3
4	第三产业增加值占GDP比重	%	正向	48.1	4
5	先进制造业增加值占规模以上工业比重	%	正向	45.2	5
6	高技术制造业增加值占规模以上工业比重	%	正向	28.8	4
7	R&D经费支出占GDP比重	%	正向	2.14	4
8	单位GDP水耗	m^3/万元	逆向	24.93	2
9	单位GDP能耗（标煤）	t/万元	逆向	0.43	2
10	单位GDP COD排放量	kg/万元	逆向	1.51	3
11	单位GDP氨氮排放量	kg/万元	逆向	0.21	4
12	单位GDP二氧化硫排放量	kg/万元	逆向	1.08	6
13	单位GDP氮氧化物排放量	kg/万元	逆向	1.97	6
14	城市空气质量优良天数比例	%	正向	89.7	4
15	$PM_{2.5}$年均浓度	$\mu g/m^3$	逆向	31	3
16	地表水水质达到或优于III类比例	%	正向	66.7	4
17	地表水劣于V类水体断面比例	%	逆向	0	1

附表 2-4　惠州绿色发展评价

序号	指标名称	单位	指标属性	2015 年惠州数值	2015 年惠州排名
1	城市人均公园绿地面积	m²	正向	17.75	6
2	城市建成区绿化覆盖率	%	正向	41.23	7
3	人均 GDP	万元	正向	6.62	7
4	第三产业增加值占 GDP 比重	%	正向	40.2	7
5	先进制造业增加值占规模以上工业比重	%	正向	62.2	2
6	高技术制造业增加值占规模以上工业比重	%	正向	40.5	2
7	R&D 经费支出占 GDP 比重	%	正向	1.90	6
8	单位 GDP 水耗	m³/万元	逆向	66.31	7
9	单位 GDP 能耗（标煤）	t/万元	逆向	0.67	9
10	单位 GDP COD 排放量	kg/万元	逆向	2.01	7
11	单位 GDP 氨氮排放量	kg/万元	逆向	0.31	7
12	单位 GDP 二氧化硫排放量	kg/万元	逆向	0.92	5
13	单位 GDP 氮氧化物排放量	kg/万元	逆向	1.61	5
14	城市空气质量优良天数比例	%	正向	97.5	1
15	PM$_{2.5}$ 年均浓度	μg/m³	逆向	27	1
16	地表水水质达到或优于Ⅲ类比例	%	正向	77.8	2
17	地表水劣于Ⅴ类水体断面比例	%	逆向	22.2	6

附表 2-5　中山绿色发展评价

序号	指标名称	单位	指标属性	2015 年中山数值	2015 年中山排名
1	城市人均公园绿地面积	m^2	正向	18.39	5
2	城市建成区绿化覆盖率	%	正向	36.47	9
3	人均 GDP	万元	正向	9.40	5
4	第三产业增加值占 GDP 比重	%	正向	43.5	6
5	先进制造业增加值占规模以上工业比重	%	正向	36.9	7
6	高技术制造业增加值占规模以上工业比重	%	正向	17.6	5
7	R&D 经费支出占 GDP 比重	%	正向	2.30	3
8	单位 GDP 水耗	m^3/万元	逆向	52.62	6
9	单位 GDP 能耗（标煤）	t/万元	逆向	0.48	4
10	单位 GDP COD 排放量	kg/万元	逆向	1.54	5
11	单位 GDP 氨氮排放量	kg/万元	逆向	0.20	3
12	单位 GDP 二氧化硫排放量	kg/万元	逆向	0.82	4
13	单位 GDP 氮氧化物排放量	kg/万元	逆向	0.98	3
14	城市空气质量优良天数比例	%	正向	90.1	3
15	$PM_{2.5}$ 年均浓度	$\mu g/m^3$	逆向	33	4
16	地表水水质达到或优于Ⅲ类比例	%	正向	66.7	4
17	地表水劣于Ⅴ类水体断面比例	%	逆向	0	1

附表 2-6　东莞绿色发展评价

序号	指标名称	单位	指标属性	2015 年东莞数值	2015 年东莞排名
1	城市人均公园绿地面积	m^2	正向	19.36	4
2	城市建成区绿化覆盖率	%	正向	50.51	2
3	人均 GDP	万元	正向	7.56	6
4	第三产业增加值占 GDP 比重	%	正向	53.1	3
5	先进制造业增加值占规模以上工业比重	%	正向	46.3	4
6	高技术制造业增加值占规模以上工业比重	%	正向	33.3	3
7	R&D 经费支出占 GDP 比重	%	正向	2.02	5
8	单位 GDP 水耗	m^3/万元	逆向	29.85	3
9	单位 GDP 能耗（标煤）	t/万元	逆向	0.49	6
10	单位 GDP COD 排放量	kg/万元	逆向	1.53	4
11	单位 GDP 氨氮排放量	kg/万元	逆向	0.26	6
12	单位 GDP 二氧化硫排放量	kg/万元	逆向	1.67	8
13	单位 GDP 氮氧化物排放量	kg/万元	逆向	2.15	7
14	城市空气质量优良天数比例	%	正向	84.6	9
15	PM$_{2.5}$ 年均浓度	μg/m^3	逆向	36	6
16	地表水水质达到或优于Ⅲ类比例	%	正向	28.6	8
17	地表水劣于Ⅴ类水体断面比例	%	逆向	28.6	8

附表 2-7　佛山绿色发展评价

序号	指标名称	单位	指标属性	2015 年佛山数值	2015 年佛山排名
1	城市人均公园绿地面积	m^2	正向	14.69	9
2	城市建成区绿化覆盖率	%	正向	40.42	8
3	人均 GDP	万元	正向	10.83	4
4	第三产业增加值占 GDP 比重	%	正向	37.8	8
5	先进制造业增加值占规模以上工业比重	%	正向	33.3	9
6	高技术制造业增加值占规模以上工业比重	%	正向	7.5	8
7	R&D 经费支出占 GDP 比重	%	正向	2.41	2
8	单位 GDP 水耗	m^3/万元	逆向	40.29	5
9	单位 GDP 能耗（标煤）	t/万元	逆向	0.48	5
10	单位 GDP COD 排放量	kg/万元	逆向	1.70	6
11	单位 GDP 氨氮排放量	kg/万元	逆向	0.21	5
12	单位 GDP 二氧化硫排放量	kg/万元	逆向	0.78	3
13	单位 GDP 氮氧化物排放量	kg/万元	逆向	1.23	4
14	城市空气质量优良天数比例	%	正向	84.8	8
15	$PM_{2.5}$ 年均浓度	$\mu g/m^3$	逆向	39	7
16	地表水水质达到或优于Ⅲ类比例	%	正向	75.0	3
17	地表水劣于Ⅴ类水体断面比例	%	逆向	25.0	7

附表 2-8　江门绿色发展评价

序号	指标名称	单位	指标属性	2015 年江门数值	2015 年江门排名
1	城市人均公园绿地面积	m²	正向	17.75	6
2	城市建成区绿化覆盖率	%	正向	43.68	4
3	人均 GDP	万元	正向	4.96	8
4	第三产业增加值占 GDP 比重	%	正向	43.8	5
5	先进制造业增加值占规模以上工业比重	%	正向	41.9	6
6	高技术制造业增加值占规模以上工业比重	%	正向	7.0	9
7	R&D 经费支出占 GDP 比重	%	正向	1.73	7
8	单位 GDP 水耗	m³/万元	逆向	124.24	9
9	单位 GDP 能耗（标煤）	t/万元	逆向	0.50	7
10	单位 GDP COD 排放量	kg/万元	逆向	4.29	9
11	单位 GDP 氨氮排放量	kg/万元	逆向	0.47	9
12	单位 GDP 二氧化硫排放量	kg/万元	逆向	1.96	9
13	单位 GDP 氮氧化物排放量	kg/万元	逆向	2.39	9
14	城市空气质量优良天数比例	%	正向	88.2	5
15	PM$_{2.5}$ 年均浓度	μg/m³	逆向	34	5
16	地表水水质达到或优于Ⅲ类比例	%	正向	55.6	6
17	地表水劣于Ⅴ类水体断面比例	%	逆向	0	1

附表 2-9　肇庆绿色发展评价

序号	指标名称	单位	指标属性	2015 年肇庆数值	2015 年肇庆排名
1	城市人均公园绿地面积	m^2	正向	20.73	2
2	城市建成区绿化覆盖率	%	正向	42.30	5
3	人均 GDP	万元	正向	4.87	9
4	第三产业增加值占 GDP 比重	%	正向	35.1	9
5	先进制造业增加值占规模以上工业比重	%	正向	33.7	8
6	高技术制造业增加值占规模以上工业比重	%	正向	8.6	7
7	R&D 经费支出占 GDP 比重	%	正向	0.98	9
8	单位 GDP 水耗	m^3/万元	逆向	104.06	8
9	单位 GDP 能耗（标煤）	t/万元	逆向	0.57	8
10	单位 GDP COD 排放量	kg/万元	逆向	3.97	8
11	单位 GDP 氨氮排放量	kg/万元	逆向	0.43	8
12	单位 GDP 二氧化硫排放量	kg/万元	逆向	1.57	7
13	单位 GDP 氮氧化物排放量	kg/万元	逆向	2.24	8
14	城市空气质量优良天数比例	%	正向	86.0	6
15	$PM_{2.5}$ 年均浓度	$\mu g/m^3$	逆向	39	7
16	地表水水质达到或优于Ⅲ类比例	%	正向	91.7	1
17	地表水劣于Ⅴ类水体断面比例	%	逆向	0	1

参考文献

[1] 王海芹,高世楫. 我国绿色发展萌芽、起步与政策演进:若干阶段性特征观察[J]. 改革,2016(3):6-26.

[2] 中国科学院可持续发展战略研究组. 2010 中国可持续发展战略报告:绿色发展与绿色创新[M]. 北京:科学出版社,2010.

[3] IUCN. World Conservaton Strategy:Living Resource Conservation for Sustainable Development[M]. Gland:Switzerland,1980.

[4] WCED. Our Common Future[M]. Oxford:Oxford University Press,1987.

[5] Pearce,D. W. ,A. Markandya. Blueprint for a Green Economy[M]. London,UK:Earthscan Publications Ltd,1989.

[6] Renner,M. ,Sweeney,S. ,Kubit,J. Green Jobs:Towards Decent Work in a Sustainable,Low-Carbon World[J]. Environmental Policy Collection,2008（4）:313-351.

[7] UNEP. Green Economy:Developing Countries Success Stories[R]. 2010.

[8] UNESCAP. About Green Growth[C]. Ministerial Declaration on Environment and Development in Asia and the Pacific Affairs,Seoul Green Growth Initiative,2005.

[9] 张东明. 浅析韩国的绿色增长战略[J]. 当代韩国,2011（2）:11-22.

[10] OECD. Towards Green Growth:Monitoring Progress OECD Indicators[R]. 2011.

[11] World Bank. Inclusive Green Growth:The Pathway to Sustainable Development[R]. 2010.

[12] 秦绪娜. 共识、分歧与展望:国内绿色发展内涵认知研究[J]. 中共济南市委党校学报,2016(1):35-39.

[13] 马洪波. 绿色发展的基本内涵及重大意义[J]. 攀登,2011,30（2）:67-70.

[14] 马平川，杨多贵，雷莹莹. 绿色发展进程的宏观判定——以上海市为例[J]. 中国人口·资源与环境，2011，21（S2）：454-458.

[15] 李斌. 绿色发展中的政府角色定位探究[J]. 经济论坛，2013（6）：143-145.

[16] 王金南，曹东，陈潇君. 国家绿色发展战略规划的初步构想[J]. 环境保护，2006（6）：39-43，49.

[17] 金三林，周键聪，杨菲. 中国绿色发展中的政府行动[J]. 经济研究参考，2012（14）：37-51.

[18] 郇庆治. 国际比较视野下的绿色发展[J]. 江西社会科学，2012，32（8）：5-11.

[19] 蒋南平，向仁康. 中国经济绿色发展的若干问题[J]. 当代经济研究，2013（2）：50-54.

[20] 赵峥. 城市绿色发展：内涵检视及战略选择[J]. 中国发展观察，2016（3）：36-40.

[21] 王玲玲，张艳国. "绿色发展"内涵探微[J]. 社会主义研究，2012（5）：143-146.

[22] 胡鞍钢. 中国：创新绿色发展[M]. 北京：中国人民大学出版社，2012.

[23] 世界银行和国务院发展研究中心联合课题组. 2030年的中国：建设现代、和谐、有创造力的社会[M]. 北京：中国财政经济出版社，2013.

[24] 黄思铭，欧晓昆，杨树华，等. 可持续发展的评判[M]. 北京：高等教育出版社，2001.

[25] United Nations Division of Sustainable Development. Indicators of Sustainable Development：Guidelines and Methodologies [R]. 2001.

[26] 张志强，程国栋，徐中民. 可持续发展评估指标、方法及应用研究[J]. 冰川冻土，2002(4)：344-360.

[27] 郑红霞，王毅，黄宝荣. 绿色发展评价指标体系研究综述[J]. 工业技术经济，2013，33(2)：142-152.

[28] UNEP. Green Economy Indicators-Brief Paper[R]. 2012.

[29] UNEP. 绿色经济简报——度量和指标[R]. 2012.

[30] OECD. 绿色增长战略中期报告：为拥有可持续的未来履行我们的承诺 [R]. 2010.

[31] UNESAP. Eco- efficiency Indicators：Measuring Resource-use Efficiency and the Impact of Economic Activities on the Environment [R] . United Nations Economic and Social Commission for Asia and the Pacific，2009.

[32] 曹颖，王金南，曹国志，等. 中国在全球环境绩效指数排名中持续偏后的原因分析[J]. 环境污染与防治，2010，32（12）：107-110.

[33]　Yale Center for Environmental Law and Policy. Environmental Performance Index：2016 report [R].
2016.

[34]　董战峰，郝春旭，李红祥，等.2016年全球环境绩效指数报告分析[J]. 环境保护, 2016, 44（20）：
52-57.

[35]　北京师范大学，等.2016中国绿色发展指数报告——区域比较[M]. 北京：北京师范大学出版社，
2016.

[36]　倪鹏飞. 中国城市竞争力报告 No. 15：房价体系：中国转型升级的杠杆与陷阱[M]. 北京：中国
社会科学出版社，2017.

[37]　胡鞍钢，周绍杰. 绿色发展：功能界定、机制分析与发展战略[J]. 中国人口·资源与环境，2014，
24（1）：14-20.

[38]　车秀珍，邬彬，袁博. 深圳城市转型与绿色发展策略研究[A]. 中国环境科学学会学术年会论文
集[C]. 2014：384.

[39]　张梦，李志红，黄宝荣，等. 绿色城市发展理念的产生、演变及其内涵特征辨析[J]. 生态经济，
2016，32（5）：205-210.

[40]　肖宏伟，李佐军，王海芹. 中国绿色转型发展评价指标体系研究[J]. 当代经济管理，2013, 35（8）：
24-30.

[41]　杨学强，李文俊，岳勇. 综合评价指标权重确定方法[J]. 装甲兵工程学院学报，2015, 29（1）：
101-105.

[42]　卢强，吴清华，周永章，等. 工业绿色发展评价指标体系及应用于广东省区域评价的分析[J]. 生
态环境学报，2013，22（3）：528-534.

[43]　何新安. 广东省绿色经济发展总体评价与区域差异分析[J]. 经济论坛，2016（9）：17-25.

[44]　赵峥. 亚太城市绿色发展报告——建设面向2030年的美好城市家园[M]. 北京：中国社会科学出
版社，2016.

[45]　广东省统计局. 广东统计年鉴——2016[M]. 北京，中国统计出版社，2016.

[46]　周涛. 杭州美丽乡村将有"升级版"[N]. 都市快报，2013-10-09.

144

[47] 陈建刚，徐前兵，等. "美丽高淳"树起生态文明建设新标杆[N]. 新华日报，2014-08-26.

[48] 王晓易. 生态文明建设的"高淳模式"绿水青山就是金山银山[N]. 东方早报，2015-10-22.

[49] 许琴. 生态立区绿色发展的"高淳模式"[N]. 南京日报，2015-03-25.

[50] 忻愚. 张家港：加速产业转型 跻身资本市场强县[N]. 证券时报，2011-10-17.

[51] 宋彬彬. 我市加快构建现代生态循环农业发展体系[N]. 嘉兴日报，2015-03-03.

[52] 沈怡华. 庄园经济开启现代农业新动力[N]. 钱江晚报，2016-11-04.

[53] 国际在线. 甘孜天然是全域旅游 开发把保护放首位[EB/OL]. http：//www. gzzta. gov. cn/xwzx/detail/d0963c82-0a52-498c-9b44-5e210044e1eb. html，2016-09-29.

[54] 李洋，杨琦. 甘孜"全域旅游"打造富民产业新样板[EB/OL]. http：//www. sohu. com/a/115351633_320137，2016-10-01.

[55] 深圳市规划国土发展研究中心. 珠三角土地节约集约利用和开发强度控制[EB/OL]. http：//www. gdupi. com/prd2014/productshow. asp？id=127，2015-01-27.

[56] 劳忠腾. 珠三角产业转移和产业升级研究[D]. 广州：广东工业大学，2011.

[57] 陈佳贵，黄群慧，钟宏武，等. 中国工业化进程报告[M]. 北京：中国社会科学出版社，2007.

[58] 许德鸿. 珠三角区域经济发展模式分析及路径创新研究[J]. 江苏商论，2010（6）：153-155.

[59] 唐绍祥，周新苗. 环境质量与经济增长：基于库茨涅兹曲线的研究[J]. 湖南社会科学，2015（6）：139-143.

[60] 张紧跟. 从多中心竞逐到联动整合——珠江三角洲城市群发展模式转型思考[J]. 城市问题，2008（1）：34-39，63.